Geheimwaffe erster Eindruck
Wie Sie mit Auftreten & Wirkung im Leben erfolgreich punkten
Alexander Plath

GEHIRNgerecht

Remote Verlag
www.remote-verlag.de

Alexander Plath

GEHEIM WAFFE ERSTER *Eindruck*

Wie Sie mit Auftreten & Wirkung im Leben erfolgreich punkten

Remote Verlag

Bibliografische Information der Deutschen Nationalbibliothek
Die Deutsche Nationalbibliothek verzeichnet diese Publikation in der Deutschen Nationalbibliografie; detaillierte bibliografische Daten sind im Internet über http://dnb.dnb.de abrufbar.

Für Fragen und Anregungen:
info@remote-verlag.de

ISBN Print: 978-3-948642-30-3
ISBN E-Book: 978-3-948642-31-0

Originalausgabe
Erste Auflage 2021
© 2021 by Remote Verlag, ein Imprint der Remote Life LLC, Oakland Park, US

Projektleitung: Nico Hullmann
Manuskriptbearbeitung: Katrin Gönnewig, Nina Blank
Umschlaggestaltung: Wolkenart - Marie-Katharina Becker, www.wolkenart.com
Bildnachweis: ©Shutterstock.com
Satz und Layout: Wolkenart - Marie-Katharina Becker

Abonnieren Sie unseren Newsletter unter: www.remote-verlag.de

Inhalt

BILDHAUER IHRES LEBENS

Ihr erster Eindruck, Ihr Auftreten und Ihre Wirkung sind natürlich keine Garanten für Glück und Erfolg im Leben. Doch wie auch immer Sie Glück und Erfolg definieren – ohne einen starken ersten Eindruck, ein souveränes, sympathisches Auftreten und eine kompetente, überzeugende Wirkung machen Sie sich das Leben sicherlich schwerer, als es sein muss.

Selbstmarketing ist sowohl im beruflichen als auch im privaten Bereich eine wichtige Fähigkeit, die Ihr Leben deutlich vereinfacht. Ich sage gerne: „Was bringt es, wenn du gut bist, aber niemand nimmt es wahr?"

Ein guter Mensch zu sein, einen guten Charakter zu haben, starke Werte, gute Ziele, Fachwissen und Kompetenz sind sozusagen die Pflicht.
Anderen zu zeigen, wofür Sie stehen und was Sie können, sind die Kür.

Wir können das mit einem Bildhauer vergleichen:

Stellen Sie sich vor, Sie sind der Bildhauer Ihres Lebens. Was brauchen Sie als Bildhauer zuerst? Sie benötigen das Material (z. B. Granit, Holz, Gips, Plastik etc.), mit dem Sie arbeiten wollen, und die dazugehörigen Werkzeuge.

Im übertragenen Sinne sind diese Materialien Sie selbst und Ihre Werte, die Ihnen im Leben wichtig sind.

Als Nächstes müssen Sie als Bildhauer ein Ziel vor Augen haben. Was wollen Sie herstellen? Wie soll Ihr Kunstwerk aussehen?
Sie werden mit sehr großer Wahrscheinlichkeit nicht einfach darauflosklopfen und schauen, was dabei herauskommt. Es könnte passieren, dass am Ende nichts übrig bleibt, denn Sie haben Ihr gesamtes Material verbraucht.

Wenn Sie ziellos durchs Leben gehen, ist dies bedauerlicherweise ebenso.

Und Sie wollen Ihr eigenes Ziel verwirklichen. Wenn Sie nämlich die Ziele anderer Menschen verfolgen, dann ist das so, als ob fremde Menschen an Ihrem Stein oder Holz herumklopfen. Das Ergebnis, also Ihr Leben, könnte unter Umständen völlig anders aussehen, als Sie es sich wünschen.

Deshalb gehören gute Ziele zu einem starken ersten Eindruck.

Denn ein starker erster Eindruck kommt auch von innen und stützt sich auf Ihre inneren Werte und Ziele.

Als Nächstes kommen wir zu den Werkzeugen: Viele Werkzeuge für einen starken ersten Eindruck, für ein sympathisches Auftreten und eine kompetente, überzeugende Wirkung finden Sie in diesem Buch.

Ich habe Ihnen aus meinem mehr als 30 Jahre lang gesammelten Erfahrungsschatz einen Werkzeugkasten zusammengestellt

Hinzu kommen viele Hundert Jahre an gemeinsamen Erfahrungen, die ich von meinen Klienten bekommen habe.

Vertrauen Sie mir – alles, was Sie in diesem Buch finden, ist praxiserprobt.

Wie gesagt, ein starkes Auftreten und eine kompetente Wirkung kommen oft von innen. Deshalb ist auch die Selbstführung ein wichtiges Werkzeug.

Wenn Sie mehr zur Selbstführung wissen wollen, klicken Sie auf den Link unten auf der Seite oder scannen Sie den QR-Code.

Jetzt haben Sie als Bildhauer also das Material, welches Sie bearbeiten wollen – nämlich sich selbst – und Sie haben Ihr Ziel definiert – nämlich einen starken ersten Eindruck, sympathisches Auftreten und eine kompetente Wirkung erzeugen. Sobald Sie mithilfe dieses Buches auch die Werkzeuge an die Hand bekommen haben, um Ihr Ziel zu erreichen, geht es um die Umsetzung, also um das „Tun".

Und wie jeder Bildhauer werden auch Sie kontinuierlich besser werden, umso öfter Sie an Ihrem Kunstwerk arbeiten (vorausgesetzt Sie tun die richtigen Dinge, aber dafür haben Sie ja dieses Buch).

Und wenn Ihr Kunstwerk fertig ist, dann stellt sich die Frage, was Sie damit anfangen wollen.

Ob Sie es verkaufen oder ausstellen wollen oder einfach einen Platz suchen, an den Sie das Kunstwerk stellen können – Sie brauchen dafür andere Menschen.

Ich werde häufiger in diesem Buch darüber sprechen, dass wir soziale Wesen sind und dass uns die Evolution in den letzten zwei Millionen Jahren zu einer Spezies gemacht hat, die es gewohnt ist, in Stämmen zu leben.

Auch wenn wir dies in der heutigen Zeit nicht mehr in der Form wahrnehmen, so haben die Stämme von früher einfach eine andere Form angenommen: unsere

Freunde, unsere Kollegen, unser Sportverein, unsere Facebook-Gruppe oder wo sonst wir uns zu Hause fühlen.

Der große Vorteil, den wir in der heutigen Zeit haben, ist, dass wir uns unsere Stämme meist bewusst aussuchen können. Dies war jedoch nicht immer so.

Weil wir also andere Menschen brauchen, um erfolgreich und glücklich zu leben, kommt dem Bereich „Auftritt und Wirkung" und der Präsentationskompetenz im Leben eine sehr große Bedeutung zu.

Eine von IBM in Auftrag gegebene Studie hat beispielsweise gezeigt, dass nur ca. 10 % des beruflichen Erfolgs von Kompetenz und Fachwissen abhängen. Andersherum gesagt: 90 % des beruflichen Erfolgs hängen vom Auftreten und der sozialen Vernetzung (die wiederum ebenfalls mit dem Auftreten zusammenhängt) ab.

Ich freue mich darauf, Ihnen mit diesem Buch dabei zu helfen, anderen noch besser zeigen zu können, wofür Sie stehen, wer Sie sind, was Sie können. Und andere damit zu motivieren, Sie zu unterstützen.

EINLEITUNG

In sieben Sekunden andere Menschen überzeugen – geht nicht? Wetten doch? Ich kann es. Und Sie? Wissen Sie, wie Sie auf andere wirken? Immer und überall? Warum wissen Sie es nicht? Woher kommt diese Geschichte mit dem ersten Eindruck und keiner zweiten Chance eigentlich? Und was ist er denn nun wirklich, dieser erste Eindruck? Warum rennen die Kunden nur den anderen die Tür ein? Und warum schaffen es Ihre Mitarbeiter nicht, dem Wettbewerb richtig zu zeigen, wo es langgeht? Obwohl Sie alles getan haben, was Ihnen gesagt wurde – Fachwissen und Kompetenz erlernt, Seminare besucht –, wissen Sie nicht, warum Sie immer noch mit angezogener Handbremse fahren? 90 % von dem, was Sie sagen, ist überflüssig. Wissen Sie, warum? Und wissen Sie, was wirklich zählt?

Eine Sache am Anfang: Mit einem schlechten ersten Eindruck sparen Sie sich eine Unmenge Zeit – im negativen Sinne des Wortes. Mit einem schlechten ersten Eindruck will niemand einen zweiten oder gar dritten Eindruck von Ihnen bekommen. Und das spart Ihnen bedauerlicherweise eine Menge Zeit. Denn im wahren Leben gilt der Spruch „Ist der Ruf erst ruiniert, lebt sich es völlig ungeniert" eben nicht.

Ich bin Alexander Plath und seit fast 30 Jahren ist es meine Leidenschaft, Menschen zu begeistern; als Verkäufer, als Mediensprecher, als Führungskraft mit internationaler Verantwortung und als Trainer und Coach. In den letzten 30 Jahren habe ich so ziemlich jede Position kennengelernt und erlebt. Ich bin davon überzeugt, dass nur sehr wenig von unserem beruflichen Erfolg und dem Glück im Leben angeboren ist. Es geht im Leben darum, die richtigen Dinge zu tun, nicht darum, die falschen Dinge richtig gut zu tun. Das wird Ihnen eine Menge Zeit sparen.

Erst einmal „herzlichen Glückwunsch". Herzlichen Glückwunsch, dass Sie den Schritt gegangen sind und beschlossen haben, an Ihrem ersten Eindruck zu arbeiten. Und herzlichen Glückwunsch, dass Sie sich für dieses Buch entschieden haben.

Am ersten Eindruck zu feilen – das ist ein Weg, ein Prozess. Es ist irrational zu glauben, dass Sie nach dem ersten Lesen einen besseren Eindruck hinterließen als vor dem Lesen. Auch ein Buch zur Selbstoptimierung ist mit Eigeninitiative und Arbeit verbunden. Ein Blatt Papier und ein Stift sind die ersten Werkzeuge, die Ihnen helfen, wenn Sie ernsthaft an sich arbeiten wollen. So können Sie sich Notizen machen und die im Buch enthaltenen Übungen aktiv bearbeiten. Das ist ein wichtiger Erfolgsbaustein.

Warum? Weil wir alle, während wir darüber nachdenken, was und wie wir etwas aufschreiben, aktiv daran arbeiten und sich das Neuerlernte viel besser einprägt. Also mehr und bessere Ergebnisse in weniger Zeit. Sie haben Papier und Stift? Dann los! Ach ja, zu Beginn gibt es von mir noch eine Warnung: Ich werde Ihnen möglicherweise (verbal) auf die Füße treten. Das macht nichts, denn wir wollen miteinander arbeiten und nicht miteinander schmusen. Warum? Reiben Sie doch einmal Ihre Hände aneinander. Was entsteht? Wenn Sie jetzt sagen, schwarze Krümel, dann waschen Sie sich erst einmal die Hände! Nein, Sie stellen fest, es entsteht Wärme. Reibung erzeugt Wärme. Und ohne Wärme gibt es kein Wachstum. Das ist nicht nur bei den Pflanzen so. Oder haben Sie schon mal Bäume am Nordpol wachsen sehen? Sie dürfen ruhig wütend auf mich sein, wenn ich den Finger in die Wunde lege.

Übung:

Die erste Übung, für die Sie das Blatt Papier und den Stift brauchen, hat mit Ihren Zielen zu tun. Bitte schreiben Sie oben auf das erste Blatt Papier Ihre drei wichtigsten Ziele im Leben, die der Grund dafür sind, warum Sie sich dieses Buch gekauft haben. Oben, als Erstes auf das Blatt – warum? Nun, wann immer Sie sich Ihre Notizen wieder ansehen werden, sind Ihre Ziele das Erste, was Sie sehen. Und um nichts anderes geht es hier. Ich werde Ihnen helfen, dass Sie Ihre Ziele schneller und leichter erreichen. Hierfür ist es jedoch wichtig, dass Sie Ihre Ziele überhaupt kennen. Sie haben keine Ziele? Selbstverständlich haben Sie die. Denn hätten Sie diese nicht, würden Sie dieses Buch nicht lesen. Klingt das Wort „Ziele" für Sie vielleicht zu abstrakt oder zu ungewohnt? Nennen wir es doch: „die drei Dinge, mit denen Sie im Leben unzufrieden sind und die Sie verändern möchten." Die drei wichtigsten Dinge. Nehmen Sie sich jetzt die Zeit, die Sie brauchen, um diese drei Dinge oben auf das Blatt zu schreiben.

Prima, Sie haben die erste Hürde genommen! Das hinterlässt einen hervorragenden ersten Eindruck bei mir!

Sie haben sicher schon oft vom ersten Eindruck gehört und davon, dass es für den ersten Eindruck keine zweite Chance gibt. Und Sie haben sich vielleicht auch schon Gedanken darüber gemacht, ob der erste Eindruck oberflächlich ist. Ob Sie mit dem ersten Eindruck überzeugen können und überzeugen wollen. Und das ist gut so. Dennoch bitte ich Sie – bevor Sie weiterlesen – um eins: Vergessen Sie alles, was Sie bisher über den ersten Eindruck gehört haben. Ja, Sie haben richtig gelesen. Vergessen Sie einfach alles. Gehen Sie völlig unbelastet, ohne Vorurteile an die Sache heran. Betrachten Sie die Welt im Rahmen dieses Buches mit den Augen eines Babys. Warum? Weil ein Baby keine Vorurteile hat, keine feste Meinung. Das ist auch einer der Gründe, warum Babys viel schneller lernen als Erwachsene. Dazu möchte ich kurz abschweifen und Ihnen eine kleine Geschichte erzählen, die Ihnen zeigt, warum es wichtig ist, so einen offenen Horizont zu erhalten: In den USA ist ein Lastwagenfahrer mit seinem Lastwagen unter eine Brücke hindurchgefahren, weil er das Schild mit der Höhe übersehen hat. Jetzt hängt dieser Lastwagen unter der Brücke und die Feuerwehr weiß nicht genau, wie sie ihn herausziehen soll, ohne die Brücke zu beschädigen. Das sind Männer, die sich jeden Tag mit solchen Fragen beschäftigen. Ein kleiner Junge kommt vorbei und fragt die Feuerwehrmänner, was passiert sei. Sie erzählen es ihm, obwohl sie wenig Zeit und Lust dazu haben, und der Junge sagt: „Warum lasst ihr nicht einfach die Luft aus den Reifen?" Sie sehen, die Lösung ist oftmals viel einfacher, wenn wir alles vergessen, was wir vorher gewusst haben. Deshalb habe ich Sie gebeten, alles zu vergessen, was Sie zum Thema „erster Eindruck" bisher gehört haben.

WOHER KOMMT DER ERSTE EINDRUCK

Der erste Eindruck ist nicht angeboren, sondern etwas, dass Sie trainieren, etwas, was Sie lernen und tagtäglich vertiefen. Der erste Eindruck geht ins Blut über.

Schauen Sie mal, wie ich in diesem Augenblick vollkommen gerade dastehe. Ach so, das sehen Sie jetzt nicht. Schade, denn Körpersprache hat viel mit dem ersten Eindruck zu tun.
Deshalb gibt es in diesem Buch auch ein Kapitel „Körpersprache".

Doch zuerst: Woher kommt dieser erste Eindruck eigentlich? Unser erster Eindruck stammt wirklich aus grauer Vorzeit, als wir noch in der Höhle gelebt haben, und er war damals überlebenswichtig. Auch wenn seitdem schon einige Tausend Jahre vergangen sind. Stellen Sie sich vor: Sie brechen auf, in grauer Vorzeit, aus der Höhle und wollen jagen gehen. Sie laufen in den Wald und hören hinter sich ein Geräusch. Das kann jetzt zwei Dinge bedeuten: Das kann bedeuten, da ist ein Hase oder ein Reh – das ist super: Futter für Sie und die ganze Familie. Oder es bedeutet, es ist ein Säbelzahntiger und das ist weniger gut, denn das bedeutet, Sie sind Futter für seine Familie. Und jetzt müssen Sie in Sekundenbruchteilen entscheiden, ob es ein Hase oder ein Tiger ist. Diese Mechanismen sind überlebenswichtig. Und diese Mechanismen, auch wenn es schon ein paar Tausend Jahre her ist, funktionieren immer noch in uns und beeinflussen den ersten Eindruck. Denn ein paar Tausend Jahre sind in der Geschichte der Welt überhaupt nichts. Auch in der Natur sind diese Mechanismen noch immer aktiv. Wenn Lebewesen sich paaren wollen, entscheidet die Natur, welcher Partner geeignet ist. Wer ist der Attraktivste? Wer hat das beste Erbgut? Was nutzt es Ihnen, wenn Sie das beste Erbgut haben, aber keiner weiß es? Was heißt das jetzt für uns?

Denken wir einmal eher in beruflichen Bahnen: Was nutzen Ihnen Charakterstärke, Kompetenz, Fachwissen, wenn keiner weiß, wie gut Sie sind? Diese

Entscheidung über Sie fällen andere Menschen in 0,3 bis 7 Sekunden! Das ist lange, bevor Sie den Mund überhaupt aufmachen können! Was bringt es Ihnen, der Hecht im Karpfenteich zu sein, solange alle anderen glauben, Sie sind nur einer von den fetten, durchschnittlichen Karpfen? Und wollen Sie vielleicht den Teich einem der anderen Karpfen überlassen?

Der erste Eindruck hängt oftmals von Kleinigkeiten ab. Für eine Studie wurden Messebesucher gefragt, warum Sie an einen Stand gegangen sind, warum sie wieder an einen Stand gegangen sind, was sie also an diesem interessiert hat, und warum sie vielleicht nicht noch einmal wiedergekommen sind. Faszinierend dabei war, dass das Verhalten gar nicht so viel mit den Produkten zu tun hatte, die dort angeboten wurden, sondern mit ganz anderen Faktoren. Mundgeruch war einer der Faktoren, der entscheidend dafür war, ob jemand noch einmal zurück an einen Messestand kam oder nicht. Für diejenigen von Ihnen, die auf der Messe aktiv sind oder viele Kundentermine machen – was wird bei Kundenterminen meistens getrunken? Richtig, Kaffee. Auf einer Messe haben Sie wenig Zeit zum Essen. Trinken Sie einmal auf leeren Magen drei Tassen Kaffee. Wir wissen alle, dass wir dann wir nicht mehr so angenehm aus dem Mund riechen – denn der Kaffee greift die Magenschleimhaut an. Was wir uns nicht klarmachen ist, welchen Einfluss das auf andere Menschen hat. Sie kommen nicht wieder und wir wissen es nicht.

Egal was Sie im Leben erreichen wollen, ob Sie zum Beispiel neue Kunden gewinnen oder mehr Umsatz für Ihr Unternehmen erreichen wollen, ob Sie sich ein überzeugendes Auftreten Ihrer Mitarbeiter (das Corporate-Image) wünschen oder Sie als Mitarbeiter Gehaltserhöhungen oder Beförderungen erhalten wollen, ob Sie mehr Freunde haben möchten oder ob Sie sogar nach DEM Partner im Leben suchen – alles im Leben hat mit anderen Menschen zu tun. Wäre es nicht cool, wenn Sie das auf Autopilot schalten könnten, wenn also von selbst passieren würde, dass Sie andere Menschen anziehen wie ein starker Magnet. Denn das ist der erste Eindruck. Unser Auftreten und unser erster Eindruck sind wie ein Magnet. Ist der Magnet richtig gepolt, ziehen Sie die Menschen an, die Sie im Leben voranbringen, ganz automatisch und unbewusst. Ist Ihr Magnet falsch gepolt, dann passiert im besten Fall gar nichts. Doch meistens stoßen Sie die Menschen und die Dinge, die Sie haben und erreichen wollen, eher ab, und zwar ohne, dass Sie es merken. Und das gilt nicht nur für Sie, sondern für jeden Mitarbeiter Ihres Unternehmens. Der erste Eindruck ist kein Weg jungfräulicher Erleuchtung, sondern ein Prozess. Das ist Arbeit, mit der Sie bereits begonnen haben, indem Sie jetzt dieses Buch lesen. Jetzt fragen Sie sich vielleicht: Heißt das, dass ich meine geliebte Jogginghose, mit der ich abends immer auf der Couch sitze wegwerfen muss? Das schauen wir uns gemeinsam an.

WAS IST DER ERSTE EINDRUCK

Legen wir los mit dem Kapitel „Was ist der erste Eindruck?"

Der erste Eindruck ist Ihre Wirkung auf andere. Wie bewerten andere Sie? Wie bewerten Sie andere? Wovon hängt es ab, wie wir andere sehen? Ist das authentisch oder schon Manipulation? Wie verhält sich der erste Eindruck im Vergleich zu unseren inneren Werten, zu unserem Charakter? Machen wir es gleich richtig oder machen wir es uns später schwer? Ich werde Ihnen zeigen, dass der erste Eindruck ein Magnet ist. Ein Magnet für Erfolg und Glück im Leben.

Das Thema „Kundensicht", also die Frage: „Was bringt mir das?", ist ein zentraler Punkt des ersten Eindrucks. Wir werden uns anschauen, was der erste Eindruck mit Ali von der Dönerbude oder Ihrer Traumfrau zu tun hat. Und wir schauen uns gemeinsam nicht nur an, was Sie, sondern auch was Ihre Mitarbeiter oder Ihre Kollegen betrifft; der erste Eindruck verfolgt uns unser ganzes Leben lang. Sie können ihn nicht an- und abschalten. Doch wovon hängt er ab? Wie spreche ich? Wie verhalte ich mich? Was mache ich, wenn ich glaube, dass ich gerade gar nichts mache?

Ich höre häufig die Menschen sagen: „Oh, wenn ich das gewusst hätte." Ja, und genau das ist der Punkt. „Wenn ich das gewusst hätte" ist einer der überflüssigsten Sätze im Leben, denn dann ist es bereits zu spät. Wissen Sie, Ihr erster Eindruck hat eine Menge mit der Titanic zu tun und die ist bekanntermaßen gesunken. Ich kann dafür sorgen, dass Sie mit Ihrem ersten Eindruck nicht den erstbesten Eisberg rammen und den Abgang machen.

Ihr erster Eindruck – das ist Ihr Auftreten, Ihre Wirkung auf andere Menschen. Und dass der erste Eindruck schwer zu revidieren ist, ist nicht nur ein Spruch. Stellen Sie sich vor, Sie haben einen wichtigen Kundentermin oder ein Vorstellungsgespräch. Würden Sie mit einem schmutzigen Auto fahren und direkt vor dem Haus parken? Natürlich nicht; Sie würden mit dem Auto vorher durch die Waschanlage fahren. Und Ihre Überlegungen zu Ihrem ersten Eindruck – das ist die Waschanlage! Damit Sie immer mit einem strahlenden Fahrzeug auftreten. Sie finden das anstrengend? Das ist wie Zähne putzen. Erinnern Sie sich daran, wie Ihre Eltern Ihnen zum ersten Mal erklärt haben, wie man Zähne putzt? Sie wissen schon ... erst die Kauflächen, dann außen rauf und runter statt im Kreis und schließlich auch innen. Das war anfangs unglaublich kompliziert. Und heute? Heute denken Sie nicht mehr darüber nach. Sie putzen mindestens zweimal am Tag die Zähne, oder? Das ist nicht so schwierig. Ich gebe Ihnen klare Hilfsmittel und Methoden, wie Sie mit minimalem Zeitaufwand maximale Resultate erzielen.

Wissen Sie, ich höre häufiger: „Oh, wenn ich gewusst hätte, dass ich Sie heute treffen würde ..." Na ja, wir wissen nie, wen wir heute treffen. Sie können Ihr Leben nicht so programmieren, dass Sie sagen können: „Heute brauche ich nicht so darauf zu achten, wie ich auftrete, mir läuft sowieso kein wichtiger Mensch über den Weg." Sie wissen jetzt, dass der erste Eindruck – Ihr erster Eindruck – Einfluss in Ihrem Leben hat. Und es ist Ihnen trotzdem zu anstrengend und zu viel Arbeit? Stellen Sie sich einmal vor, Sie stellen beim Wandern fest, dass ein Sandkorn in Ihrem Schuh steckt. Das Sandkorn ist zu Beginn ein bisschen unangenehm. Sie erkennen noch nicht, dass dieses Sandkorn eine dramatische Auswirkung haben kann. Sie sind zu bequem, sich den Schuh auszuziehen, denn Sie müssten sich bücken, den Schnürsenkel aufmachen, den Schuh ausziehen, nachsehen, wo das Sandkorn steckt, den Schuh wieder anziehen und den Schnürsenkel wieder zuschnüren. Sie glauben, es noch bis nach Hause zu schaffen. Tja, und am Tag vier tut es dann so weh, dass Sie den Schuh doch aufmachen wollen. Nur bekommen Sie den geschwollenen Fuß jetzt nicht mehr aus dem Schuh heraus. Der ist nämlich so dick geworden, dass Sie nichts mehr machen können. Also ab ins Krankenhaus. Der Arzt muss den Schuh aufschneiden, damit er überhaupt an Ihren Fuß herankommt. Und in dem Moment, in dem Sie den Fuß sehen, fallen Sie ins Koma. Ich habe gute Nachrichten für Sie: Den Rest von Ihnen konnten wir retten, aber der Fuß ist weg. Und genauso weg ist auch der erste Eindruck, den Sie auf gute Chancen und auf interessante Menschen hätten hinterlassen können.

Ist es Ihnen immer noch zu viel Arbeit und zu anstrengend, Ihren ersten Eindruck zu optimieren?

BEWERTUNGSRASTER

Ich finde es frustrierend zu sehen, wie viel Geld Unternehmer in Werbung und Werbeagenturen investieren. Und irgendwann kommt es zum ersten richtigen Kontakt zwischen Ihnen und einem Mitarbeiter des Unternehmens. Und bitte bedenken Sie eins: Wir kaufen nicht von Unternehmen! Wir kaufen von Menschen! Ich gebe Ihnen ein Beispiel, damit Sie meine Frustration besser verstehen können: Fluggesellschaften kämpfen um Marktanteile und geben sehr viel Geld aus, um die Kunden zu binden. Stellen Sie sich vor, Sie sitzen in so einem Flugzeug und Sie kommen mit Verspätung an Ihrem Zielort an. Das ist noch nicht so schlimm, denn das geschieht leider häufiger. Aber jetzt sagt die Stewardess oder der Pilot: „Wir hoffen, dass es Ihnen keine Unannehmlichkeiten bereitet, dass wir heute eine Viertelstunde später angekommen sind." Da fühlen Sie sich als Kunde doch auf den Arm genommen. Denn im Flugzeug sitzt niemand, dem es keine Unannehmlichkeiten bereitet, selbst wenn er „nur" eine Viertelstunde später zu seiner Familie kommt. Das ist der erste Eindruck, den Sie als Kunde von dem Unternehmen haben. Und all das Geld, welches für Werbung, Fernsehspots, Broschüren und schöne Uniformen ausgegeben wurde, ist mit einem Mal – klack – verschwunden, weil die Mitarbeiter des Unternehmens einen schlechten ersten Eindruck hinterlassen haben. Wir alle haben ein Raster, einen Filter oder eine Methode, mit der wir andere Menschen bewerten. Zum Beispiel eine Werteskala, wie angesehen bestimmte Berufe sind: Lehrer stehen da beispielsweise ganz oben, Anwälte ziemlich weit unten und Politiker – raten Sie mal – vermutlich noch weiter unten. Nehmen wir die Anwälte als Beispiel für einen ersten Eindruck. Sie kennen vielleicht die Geschichte von dem Mafiaboss und seinem taubstummen Buchhalter. Der Mafiaboss hat sich einen taubstummen Buchhalter eingestellt – warum? Weil er genau weiß, dass er nicht hören kann, was er erzählt. Deshalb kann er vor Gericht auch niemals gegen den Mafiaboss aussagen. Einziges Problem bei der Geschichte: Der taubstumme Buchhalter hat in den letzten fünf Jahren 20 Millionen Euro unterschlagen. Der Mafiaboss beauftragt einen Anwalt, der Gebärdensprache kann, um seinen Buchhalter zu befragen. Er sagt zu dem Anwalt: „Frag ihn, wo meine 20 Millionen sind. Der Anwalt übersetzt dem

Buchhalter. Der Buchhalter antwortet. „20 Millionen? Ich habe keine Ahnung, von welchen 20 Millionen du sprichst." Daraufhin sagt der Mafiaboss: „Dann eben anders." Er zieht seine Pistole heraus, hält sie dem Buchhalter an den Kopf und sagt zum Anwalt: „So, sag ihm, wenn er mir nicht innerhalb der nächsten fünf Sekunden sagt, wo das Geld ist, dann puste ich ihm die Rübe weg." Der Anwalt übersetzt, der Buchhalter antwortet ihm: „Ach, na klar, die 20 Millionen! Die sind bei meinem Cousin Luigi unter der Gartenlaube vergraben." Der Mafiaboss, schon ganz nervös, fragt den Anwalt: „Und? Was hat er gesagt?" Der Anwalt antwortet: „Dass sie nie den Mut haben abzudrücken."

Wäre das witzig, wenn es ein Koch wäre? Nein. Bei einem Anwalt? Ja. Und warum? Weil wir eine gewisse Vorstellung von Anwälten haben. Und das Verrückte dabei ist, die Vorstellung variiert auch noch. Denn jetzt haben Sie gelacht. Wenn Sie vor Gericht stehen, wie sehen Sie Ihren eigenen Anwalt? Vermutlich ganz anders, oder? Und das ist genau das Bewertungsraster, das wir anwenden. Das Raster hängt einerseits von der Situation ab: Sind Sie der Kläger oder der Angeklagte? Andererseits hängt es jedoch noch mehr davon ab, wie wir erzogen worden sind, was uns unsere Eltern und Lehrer gesagt, was wir in der Schule gelernt haben. Diese sogenannten Glaubenssysteme beziehen sich nicht nur auf Religion, sondern allgemein darauf, wie wir die Welt sehen. Das ist unsere Erfahrung. Wenn Sie dreimal von einem grünen Marsmenschen beklaut wurden, was glauben Sie, wie Sie reagieren, wenn Ihnen zum vierten Mal ein Marsmensch auf der Straße begegnet? Sie werden sofort nach Ihrem Geldbeutel sehen. In dem Märchen „Aschenputtel" gibt es den Spruch „die Guten ins Töpfchen, die Schlechten ins Kröpfchen", also die guten Erbsen bekommen die Menschen, die schlechten Erbsen bekommen die Tauben. Aus Sicht der Taube sind die guten Erbsen diejenigen Erbsen, die wir als die schlechten Erbsen betrachten, nämlich die, die sie fressen können. Das heißt also, dass der erste Eindruck immer davon abhängt, wie dein Gegenüber die Welt betrachtet. Das schauen wir uns gleich beim Punkt „Kundensicht" an.

Die schlechte Nachricht – oder die gute Nachricht, wie immer Sie es sehen wollen – ist, dass andere Menschen genauso funktionieren wie wir. Auch diese haben ein

Raster, das unserem gar nicht so unähnlich, oftmals sogar gleich ist. Denn, ja, auf diesem Planeten leben außer uns zufällig auch andere Menschen. Und diese wagen sich sogar, ein Urteil über uns zu fällen – und das auch noch in Sekundenbruchteilen. Ich weiß, Sie wollen lieber nach Ihrem Charakter beurteilt werden. Nach Ihren inneren Werten. Aber das ist wie mit einem Buch. Natürlich kennen Sie den Spruch „Man soll das Buch nicht nach dem Einband beurteilen", doch wenn der Einband stinklangweilig, zerrissen oder gar klebrig ist … dann nehmen Sie das Buch noch nicht einmal in die Hand. Und wie wollen Sie dann wissen, was in dem Buch drinsteht? Wenn also Ihr erster Eindruck, den Sie hinterlassen, so schlecht ist, dass die anderen nicht mehr von Ihnen wissen wollen, wie werden sie dann jemals Ihre inneren Werte kennenlernen? Vielleicht fragen Sie sich jetzt: „Na ja, aber der erste Eindruck, den ich hinterlasse, mein Auftritt, meine Wirkung auf andere – ist das nicht zu viel Show? Werde ich da nicht unglaubwürdig? Was ist mit der viel zitierten Authentizität?" Wenn Sie mich fragen, ist das ganze Gerede über Authentizität absoluter Blödsinn. Ich habe einmal einen Managementtrainer sagen hören: „Wenn die meisten Manager authentisch auftreten würden, wären sie absolute Kotzbrocken." Bitte entschuldigen Sie die Wortwahl, die stammt nicht von mir. Es geht bei Ihrem ersten Eindruck um Ihre Wirkung auf andere und nicht um Manipulation. Sie zeigen lediglich Ihre Schokoladenseiten. Und glauben Sie mir: Jeder hat mehr als nur eine Schokoladenseite. Mit dem ersten Eindruck verhält es sich so, wie ein berühmter Rhetoriktrainer einmal gesagt hat: „Man sage immer die Wahrheit, man sage die Wahrheit jedoch nicht immer." Das heißt, wir bleiben bei unserem Auftreten immer bei der Wahrheit, sind uns selbst und anderen gegenüber immer ehrlich. Für den ersten Eindruck zeigen unsere guten Seiten und unsere Stärken. Über unsere Schwächen sprechen bzw. kommunizieren wir am besten nicht. Ich benutze bewusst „kommunizieren", denn wir werden feststellen, dass der erste Eindruck sehr wenig mit Sprechen, aber sehr viel mit anderen Formen der Kommunikation zu tun hat. Glauben Sie nicht? Okay, Sie interessiert das Thema „erster Eindruck" und auf der Amazon-Website haben Sie dieses Buch gesehen. Sie haben jedoch auch gesehen, dass ich ein verklemmter Spießer bin, der keinen Satz herausbringt, der mehr als fünf Worte am Stück sagt. (Dieser Satz hat übrigens schon mehr als fünf Worte.) Hätten Sie dann dieses Buch gekauft? Auch wenn ich vielleicht Professor Doktor Doktor und der einzige wahre Experte auf diesem Gebiet mit Nobelpreis wäre und der Einzige, der wirklich die Körpersprache versteht? Seien Sie ehrlich, Sie hätten das Buch trotzdem nicht gekauft, wenn Ihnen der erste Eindruck nicht gefallen hätte.

Und jetzt gehe ich noch einen Schritt weiter: Es gibt zahlreiche Studien, die beweisen, dass die Menschen mehr Wert auf Attraktivität denn auf den Charakter eines anderen Menschen legen. Und ob Sie das jetzt super finden oder nicht, spielt keine Rolle, denn es ist die Wahrheit, auch wenn es weh tut. Bitte glauben Sie mir, ich habe so viele Menschen gesehen, die fachlich super waren, jedoch die sprichwörtliche Power nicht auf die Straße gebracht haben. Und das ist echt schade, weil diese Menschen überholt wurden von anderen Menschen, die fachlich viel weniger zu bieten hatten. Mit einem guten Eindruck und einer guten Wirkung hätten diese Menschen mit ihrem Fachwissen so viel erreichen können. Der erste Eindruck ist wie ein Eindruck in Beton. Sie haben vor Ihrem Haus den Bürgersteig neu mit Beton ausgegossen. Schwerstarbeit. Und nach einem halben Tag kommen Sie zurück und stellen fest, dass irgendein Depp seine Hand in den frischen Beton, der mittlerweile hart geworden ist, gedrückt hat. So ähnlich wie in den USA auf dem Walk of Fame. Was machen Sie jetzt? Klar, Sie könnten diesen Abdruck auffüllen. Aber wir alle wissen es: Nur auffüllen hält nicht. Also haben Sie nur noch eine Wahl: Presslufthammer raus und den gesamten Bürgersteig abschleifen. Das ist eine Schweinearbeit. Genauso ist es beim ersten Eindruck auch. Wenn Sie einmal Ihren ersten Eindruck falsch in den Beton gedrückt haben, dann können Sie nur noch abschleifen und mit viel Arbeit das Ganze neu machen. Warum also nicht von Anfang an den richtigen Eindruck hinterlassen?

KUNDENSICHT

Kunde bedeutet für mich hier nicht nur, dass ein Kunde im herkömmlichen Sinne etwas von Ihnen kaufen möchte. Kunde ist für mich jeder Mensch mit dem wir kommunizieren. Sie erinnern sich an die Marsmenschen? Wenn Sie dreimal von einem grünen Marsmenschen beklaut wurden, dann ist Ihre Kundensicht gegenüber den Marsmenschen, dass diese Sie bestehlen wollen. Sie werden beim vierten Marsmenschen eine ganz klare Einstellung gegenüber Marsmenschen haben.

Es gibt eine einfache Formel, die Sie immer an die Kundensicht erinnern wird: „Wa-bri-mi-da". Als ich das zum ersten Mal gehört habe, habe mir gedacht: „Was soll das jetzt?" „Wa-bri-mi-da" bedeutet nichts anderes als „Was bringt mir das".

Wenn ich Ihnen nur gesagt hätte „Was bringt mir das", hätten Sie es wahrscheinlich vergessen. Indem ich Ihnen sage „Wa-bri-mi-da" werden Sie sich jetzt damit beschäftigen. Das ist ein Punkt, den wir später zum Beispiel brauchen, wenn wir über Ihre Kurzpräsentation sprechen, ein kleines Detail, über das Sie jetzt nachdenken können, was die Kundensicht bringt. Und diese Details arbeite ich gemeinsam mit Ihnen heraus. Mit solchen Details können Sie Ihre Kunden so faszinieren, dass diese über Sie, Ihr Unternehmen und Ihre Produkte nachdenken. „Wa-bri-mi-da" – Was bringt mir das? – ist die zentrale Frage des Kunden. Viele Unternehmen glauben beispielsweise, dass sie sich mit der Aussage „Wir sind Marktführer", die unter Umständen sogar stimmen mag, ausreichend vom Wettbewerb abgrenzen. Doch „Wa-bri-mi-da" – was bringt mir das als Kunde? Aus Ihrer Sicht möchten Sie vielleicht mit dieser Aussage ausdrücken: „Wir sind Marktführer, weil wir offensichtlich die besten Produkte und die besten Preise haben." Doch aus Kundensicht kann die Antwort auf die Aussage „Wir sind Marktführer" sich anhören nach „Wir sind ohnehin Marktführer. Deshalb haben wir es nicht mehr nötig uns für Sie sonderlich anzustrengen. Und ob wir ein paar Kunden verlieren oder nicht, spielt für uns keine Rolle." „Wa-bri-mi-da" – sehen Sie den Unterschied bei derselben Aussage? Wenn Sie über die Kundensicht nachdenken, bedenken Sie bitte – Sie sind immer Unternehmer, auch wenn Sie keine oder nur wenige Angestellte haben, selbst dann wenn Sie Angestellter sind. In diesem Fall sind Sie angestellter Unternehmer, denn Sie verkaufen Ihrem Chef, Ihrem Unternehmen tagtäglich etwas.

„Wa-bri-mi-da" – wie sieht Ihr Chef Ihre Leistung?
„Wa-bri-mi-da" – wie sieht Ihr Kunde Ihr Unternehmen?

Ja, genau – nicht nur, wenn Sie selbst mit dem Kunden sprechen, sondern wie sieht Ihr Kunde Ihr Unternehmen, wenn ein Angestellter mit ihm spricht oder wenn er Werbematerial von Ihnen in der Hand hält, eine Broschüre oder eine Anzeige. Nehmen Sie einmal eine Ihrer Broschüren in die Hand, setzen Sie die Kundenbrille auf und fragen Sie sich aus Kundensicht: „Wa-bri-mi-da?" Was ist, wenn Ihr Kunde bei Ihrer Telefonzentrale anruft, falls Sie eine haben? Wenn er beispielsweise in Ihrer Telefonwarteschlange ein Lied hört, durch das sofort eindeutig klar wird, dass Ihre Telefonanlage vermutlich noch vor dem Wirtschaftswunder gebaut wurde. Die Herausforderung, steckt im Detail. Und zu einem guten ersten Eindruck gehört, dass alle Elemente Ihres Unternehmens, also Ihre Mitarbeiter und Sie selbst dieselbe Antwort auf die Frage „Wa-bri-mi-da?" vermitteln – denselben ersten Eindruck. Ein indianisches Sprichwort sagt: „Urteile nicht, bevor du nicht eine Meile in den Mokassins des anderen gegangen bist." Nun – ich bin der Meinung, es wäre viel gewonnen, wenn viele die Mokassins eines anderen erst einmal anziehen würden. Kundensicht hat mit diesen Mokassins zu tun, aber auch mit der Jogginghose, die wir uns vorher angeschaut haben. Wenn Sie zu Ali an die Dönerbude gehen – „Machst Du mir Döner, Ali? Du weißt schon, Döner mit alles und scharf." –, ist die Jogginghose okay, und bei Günther im Vereinsheim, „bei die Brieftauben", ist sie auch okay. Denn die Jogginghose ist dann ein erster Eindruck, den Sie bewusst hinterlassen. Doch wenn Sie nicht wissen, wem Sie begegnen werden, ist die Jogginghose vielleicht etwas riskant. Finden Sie nicht auch? Warum? Stellen Sie sich vor, Sie sitzen abends gemütlich auf der Couch, in Feinripp und Jogginghose. Leider ist das Bier alle. Also fahren Sie noch mal schnell zur Tankstelle und dafür ist Feinripp und Jogginghose voll okay. Sie biegen um die Ecke und da steht sie an der Tankstelle – die absolute 11 auf einer Skala von 1 bis 10 – Ihre Traumfrau schlechthin, die gerade dem

Deppen, mit dem sie zusammen war, den Schlüssel vor die Füße geworfen hat mit den Worten: „Ich finde schon jemanden, der mich nach Hause bringt." – Genau – oh shit – hätte ich nur …

Ich höre häufiger: „Wenn ich gewusst hätte, was Sie machen – ich habe mir gerade Ihre Internetseite angeschaut. Ja, Sie sind Trainer für den ersten Eindruck, dann hätte ich mir natürlich etwas Anständiges angezogen." Also dazu kann ich nur sagen: Erstens sind die Menschen meistens nicht unanständig angezogen, weil ich unter „unanständig angezogen" etwas anderes verstehe. (Darauf werden wir allerdings im Rahmen dieses Buches nicht eingehen.) Was ich meine, ist eine schlechte Vorbereitung. Denn Sie wissen nie, wen Sie treffen. Die Lösung heißt: Ziehen Sie sich immer passend an. Zweitens brauchen Sie doch nicht auch noch im Einstieg auf etwas Negatives hinzuweisen, wenn es Sie einmal so auf dem falschen Fuß erwischt. Vielleicht hätte Ihr Gegenüber nämlich gar nicht gemerkt, dass Sie sich nicht so angezogen haben, wie Sie es gerne gehabt hätten. Die zentrale Frage im Bereich Kundensicht – Wa-bri-mi-da – ist, was erwartet mein Gegenüber von mir? Wie will ich auf mein Gegenüber wirken? Was sind meine Ziele mit dem ersten Eindruck? Ganz allgemein, weil ich nicht weiß, wer mir an diesem Tag begegnet, und für ganz bestimmte Situationen.

Überlegen Sie einmal selbst: Sie gehen zum Arzt, weil eine wichtige Operation ansteht. Der Chirurg empfängt Sie im weißen Kittel, aber mit dreckigen Turnschuhen, zerrissenen Jeans, einem ungepflegten, langen Bart, langen Haaren und auffälligen Ohrringen. Auch wenn Sie noch so oft gelesen und gehört haben, dass dieser Arzt ein bekannter Spezialist ist, wird Sie möglicherweise ein mulmiges Gefühl beschleichen, oder? Genauso wenig würden Sie vermutlich einer Anlageberaterin hart verdientes Geld anvertrauen, wenn diese im knappen Minirock, mit tiefem Ausschnitt, wallender Mähne und rot lackierten Fingernägeln Sie empfängt. Auch wenn Sie noch so oft von Ihren Qualitäten als Finanzgenie gehört haben.
„Wa-bri-mi-da" – passt Ihr Auftreten (und auch das Auftreten Ihrer Mitarbeiter) zu Ihrem Unternehmensimage?

Ich habe Ihnen eine Übung vorbereitet. Nehmen Sie sich bitte zehn Minuten Zeit und überlegen Sie aus Ihrer Kundensicht, wovon der erste Eindruck abhängt, den Sie von einem anderen Menschen bekommen.

Nehmen Sie sich Papier und Stift und schreiben in den nächsten zehn Minuten alles auf, was Ihnen einfällt. Wovon hängt der erste Eindruck ab, den jemand anderes bei Ihnen hinterlässt?

Bitte erstellen Sie erst Ihre Liste und lesen dann im nächsten Kapitel weiter.

WOVON HÄNGT DER ERSTE EINDRUCK AB?

Okay, haben Sie ihre Liste? Dann vergleichen wir Ihre Liste mit dem, was ich mir aufgeschrieben habe.

Der erste Eindruck hängt natürlich ab von: dem Erscheinungsbild, also der Kleidung, dem äußeren Auftreten. Der erste Eindruck hängt auch ab vom Duft. Und bei Duft meine ich jetzt nicht nur den uns angeborenen Duft, sondern natürlich auch den Einsatz von Parfüm. Der erste Eindruck hängt ab von Körperhaltung, von der Mimik, von der Gestik. Er hängt auch ab von der Bewegung, zum Beispiel wie Sie in einen Raum hineinlaufen, von der Begrüßung, vom Händedruck. Wir alle kennen Menschen, die uns die Hand geben und wir haben das Gefühl, wir hätten einen toten, kalten Fisch in der Hand liegen. Welchen ersten Eindruck hinterlässt das auf Sie? Wichtig sind auch Blickkontakt, Konzentration und die Aufmerksamkeit, die unser Gegenüber uns gibt, das allgemeine Verhalten. Der erste Eindruck hängt auch von dem ab, was wir als Ausstrahlung bezeichnen und oftmals gar nicht richtig fassen können, denn es kommt von innen, es entsteht durch die innere Haltung. Unsere Stimmung ist für den ersten Eindruck ebenfalls relevant. Sind wir schlecht gelaunt, nehmen wir andere Menschen ganz anders wahr als mit guter Laune. Und natürlich spielt auch unsere Stimme eine nicht unerhebliche Rolle. Die Stimmhöhe, die Geschwindigkeit, die Modulation unserer Stimme – all diese Dinge haben einen Einfluss auf den ersten Eindruck und darauf wie wir andere Menschen wahrnehmen. Nun, Sie haben Ihre Liste geschrieben, worauf Sie beim ersten Eindruck bei anderen achten. Fragen Sie sich selbst: Was, glauben Sie, würde auf der Liste stehen, wenn ich die Menschen, die Ihnen heute und gestern begegnet sind oder auch morgen begegnen werden, nach diesen Faktoren für den ersten Eindruck fragen würde? Genau, vermutlich genau dasselbe, das wir auf Ihrer Liste finden. Andere Menschen beurteilen Sie genauso, wie Sie andere Menschen beurteilen.

Jetzt nehmen wir uns nochmal eine halbe Stunde Zeit und Sie gehen Ihre Liste durch. Das ist die nächste Übung. Überlegen Sie sich, in welchem Bereich Sie noch an Ihrem ersten Eindruck arbeiten wollen. In welchem Bereich können Sie aus der Sicht Ihres Gegenübers, Ihrer Kundensicht, Wa-bri-mi-da, den ersten Eindruck noch verbessern. Suchen Sie sich die drei Punkte aus, von denen Sie glauben, dass Sie den meisten Einfluss auf Ihr Gegenüber haben, und schreiben Sie zu diesen drei Punkten alles auf, was Ihnen dazu einfällt, und bis wann Sie das in die Tat umsetzen wollen. Bitte nehmen Sie Papier und Stift und machen Sie das jetzt.

Sie haben auf Ihrer eigenen Liste gesehen, dass die meisten Dinge, die den ersten Eindruck ausmachen, nichts damit zu tun haben, was Sie sagen, sondern viel mehr damit, wie Sie etwas sagen, also mit Ihrer Stimme und Ihrer Körpersprache. Mit Stimme und Körpersprache werden wir uns auch in den späteren Kapiteln intensiv beschäftigen. Das ist auch wissenschaftlich in mehreren Studien bewiesen worden. Der amerikanische Professor Albert Maridien – den Namen müssen Sie sich nicht merken, wir wollen hier keinen Test schreiben – hat herausgefunden, dass wir nur zu 7 %, durch das kommunizieren, was wir sagen. Nur 7 % zählt, was wir sagen. 38 % hängen davon ab, wie wir etwas mit unserer Stimme sagen und 55 % hängen von unserer Körpersprache ab. Mit anderen Worten: Weniger als 10 % zählt das, was Sie sagen. Dazu kommt auch noch, dass es nicht nur um das geht, was wir *sagen*, sondern auch um das, was wir *meinen*. Es ist also nicht nur entscheidend, was der andere hört, sondern vor allem, was der andere dabei versteht. Ich gebe Ihnen ein Beispiel Sie wollen mit Ihrer Frau ausgehen. Sie sind schon fertig, Ihre Frau ist noch im Bad. Sie möchten wissen, ob die Zeit noch reicht, um ein erstes Bier, zu trinken. Also stellen Sie die Frage: „Wie lange brauchst du noch im Bad?" Diejenigen von uns, die verheiratet oder in einer Partnerschaft sind oder waren, wissen genau, was jetzt kommt. Vermutlich eine Antwort wie: „Lass mich in Ruhe! Mach mir keinen Stress! Ich mach mich doch für dich schön!" Das wollten Sie gar nicht wissen. Sie wollten nur wissen, ob Sie noch 15 Minuten haben, um eine Flasche Bier aufzumachen. Das, was wir sagen, beurteilen wir nicht nur nach dem geschriebenen Text oder Inhalt, sondern auch noch nach ganz anderen Faktoren. Denn wenn wir etwas sagen, dann sagen wir über uns selber etwas aus. Was und wie wir etwas sagen, hängt davon ab, mit wem wir uns mich unterhalten. Sie reden mit Ihrer Frau sicherlich anders als mit Ihrem Chef oder Ihrer Chefin. Sie sagen etwas darüber aus, wie es Ihnen geht. Wenn Sie entspannt sind, dann fragen Sie vermutlich: „Wie lange brauchst du noch im Bad?" Wenn Sie es eilig haben und Sie wollen zu einem wichtigen Termin, dann klingen dieselben Worte vielleicht eher wie: „Wie lange brauchst du noch im Bad?" Sehen Sie, dieselben Worte anders betont geben schon einen ganz anderen Effekt und das ist auch Wa-bri-mi-da. Ihre Frau wird sich fragen, was Sie ihr sagen wollen? In dem Fall ist Ihre Frau die Kundin. Hier sind wir wieder bei der Kundensicht. Und da ist natürlich auch die Frage, was Sie wirklich wissen wollen? Oftmals sind die Worte, die wir sprechen, nicht das, was wir meinen. Beispiel: Sie fragen jemanden: „Kannst du mir sagen, wie viel Uhr es ist?" Welche Antwort erwarten Sie? Natürlich, die Uhrzeit. Doch wenn Ihr Gegenüber die Frage so hört, wie Sie sie gestellt haben, antwortet er Ihnen mit Ja oder Nein. Ihr Gegenüber hört also in diesem Fall, ob er oder sie in der Lage ist, die Uhrzeit zu sagen. Und deswegen werden wir kommunikativ manchmal auf dem falschen Fuß, genau genommen: auf dem falschen Ohr, erwischt. Und zwar deshalb, weil Kommunikation – ich sage jetzt bewusst nicht „sprechen" – nur zu weniger als 10 % mit dem zu tun hat, was wir sagen, aber zu über 90 % mit der Stimme und der Körpersprache. Genau wie die Titanic von einem Eisberg versenkt wurde, können Sie sich in Bezug auf andere Menschen auch selbst versenken. Und beides hat mit einer Art Eisberg zu tun. Stellen Sie sich einen großen Eisberg vor, wie er im Wasser schwimmt. Wir wissen, dass nur ein kleiner Teil des Eisbergs aus dem Wasser ragt und der weitaus größte Teil sich unter der Wasseroberfläche befindet, also unsichtbar ist. Interessanterweise ist genau dieser Teil unterhalb der Wasseroberfläche, also unterhalb der Wahrnehmung unseres Gegenübers (deswegen auch unsichtbar) der wichtigste Teil der Kommunikation mit anderen. Was bedeutet das?

Wenn wir mit anderen Menschen kommunizieren, kommunizieren wir einerseits mit dem Verstand und andererseits mit Gefühlen. Wir treffen Entscheidungen immer nach Gefühl und suchen dann auf der Kopfebene nach Gründen, um das zu rechtfertigen. Sie glauben mir nicht? Ich gebe Ihnen ein Beispiel. Sie hatten Ihre erste Freundin oder Ihren ersten Freund, waren also das erste Mal so richtig verliebt. Warum haben Sie sich damals genau den Partner als ersten Partner ausgesucht? Haben Sie sich hingesetzt und eine Liste gemacht, überlegt, was alles zueinander passen könnte? Wie das Bankkonto des Vaters aussieht, welchen Beruf der Partner einmal haben möchte, ob es von der Größe her passt? Oder haben Sie sich einfach verliebt? Mit großer Wahrscheinlichkeit haben Sie sich einfach verliebt. Und das geschieht voll und ganz auf der Gefühlsebene. Sie haben Ihre Entscheidung also ausschließlich auf der Basis der Gefühle getroffen. Doch jetzt geht es weiter. Sie haben Ihre große Liebe zum ersten Mal bei Ihren Eltern eingeladen. Ich bin mir sicher, dass Sie im Vorfeld Dinge erzählt haben. Mit großer Wahrscheinlichkeit haben Sie Ihren Eltern nicht gesagt: „Mensch, das ist eine super Frau, ein super Mann und deshalb hab ich mich verliebt." Nein. Sie haben Argumente gefunden, warum der andere genau der Richtige ist. Wo er wohnt, was die Eltern machen, vielleicht wie gut er oder sie in der Schule ist. Sehen Sie? Argumente. Argumente für den Verstand Ihrer Eltern. Und mit diesen Argumenten haben Sie Ihre gefühlsmäßige Entscheidung gerechtfertigt. Das passiert im Übrigen nicht nur, wenn es um andere Menschen geht. Wir rechtfertigen die Dinge auch uns selbst gegenüber. Mit Argumenten, nachdem wir die Entscheidung auf der emotionalen Ebene getroffen haben. Glauben Sie mir immer noch nicht? Dann schauen Sie doch bitte, wenn Sie eine Frau sind, in Ihren Schuhschrank. Und wenn Sie ein Mann sind, in den Schuhschrank Ihrer Frau. Mit welchen verstandesmäßigen Argumenten lässt sich diese Anzahl an Schuhen rechtfertigen? Oder war es vielleicht so, dass Sie viele dieser Schuhe „aus dem Bauch heraus" gekauft haben? Das gilt übrigens nicht nur für Frauen. Fragen Sie jemanden, der einen Sportwagen fährt, warum er ihn gekauft hat. Er wird Ihnen bestimmt eine Menge Argumente bringen wie: gutes Preis-Leistungs-Verhältnis; er kommt schneller von A nach B; die aktive Sicherheit begeistert ihn. Seien wir doch mal ehrlich. Darum geht es doch nicht bei einem Sportwagen. Einen Sportwagen fahren wir deswegen, weil es geil ist, einen Sportwagen zu fahren. Und weil wir es noch mehr lieben, die bewundernden Blicke zu spüren, wenn wir vor der Eisdiele vorfahren. Ich weiß, das geben wir nicht gerne zu und darüber reden wir auch nicht gerne. Aber wir sind doch hier, um ehrlich über die Dinge zu reden. Und das sind die Dinge, die Sie wissen müssen, um den ersten Eindruck wirklich zu verstehen. Denn im Bereich Ihrer Gefühle gibt es viele Dinge, die einen Einfluss haben auf Ihren ersten Eindruck. Und auch wenn Sie vielleicht der Meinung sind, dass wir Menschen als Krone der Schöpfung ganz anders sind als alle anderen Lebewesen auf dieser Erde, so sind wir diesen Lebewesen doch weitaus ähnlicher, als Sie es vielleicht gerne möchten. Erinnern Sie sich an das Beispiel mit der Höhle und woher der erste Eindruck kommt? Genau darum geht es hier. Und in unseren Gefühlen spielen natürlich auch Faktoren wie Bequemlichkeit, Angst und Prestige, Erfolg, Sicherheit, Schönheit und Ehrgeiz und Neid eine Rolle. Alle diese Dinge spielen ebenso eine Rolle in Bezug auf Ihren ersten Eindruck. Das ist nicht gut, das ist nicht schlecht. Sondern das ist, wie es ist. Es ist wichtig, dass Sie das verstehen und das in Ihrer Art, wie Sie mit anderen Menschen kommunizieren, berücksichtigen. Das ist gar nicht so kompliziert, wie es klingt. Viele Dinge tun Sie bereits gefühlsmäßig, und zwar gefühlsmäßig richtig.

Sie verstehen jetzt, wie Sie die Welt sehen und wie andere Menschen Sie in dieser Welt sehen. Ich habe Ihnen gezeigt, wie sich der erste Eindruck im Vergleich zu Dingen wie Charakter und inneren Werten verhält. Und ich habe Ihnen gezeigt, dass dieser erste Eindruck und die Mechanismen, die den ersten Eindruck beeinflussen, noch aus grauer Vorzeit stammen und uns dennoch massiv beeinflussen. Sie wissen jetzt, wie unsere Gefühle Einfluss auf den ersten Eindruck nehmen. Und Sie verstehen, dass der erste Eindruck wenig mit dem, was Sie sagen, hingegen viel mit dem, wie Sie etwas sagen, zu tun hat. Ein zentrales Thema ist die Kundensicht. Denken Sie an Wa-bri-mi-da, die zentrale Frage „Was bringt mir das?" Das wird Sie durch die weiteren Kapitel begleiten, die jetzt folgen.

Und auf YouTube finden Sie noch einen Film von mir zum Thema „Erster Eindruck":

https://youtu.be/6z1REQyl8UY

POSITIVE SPRACHE

Dieses Kapitel trägt den Titel „Positive Sprache – Powertalking". Sprache beeinflusst Sie und beeinflusst die anderen und ich gebe Ihnen in diesem Kapitel einfach anzuwendende Beispiele für positive Formulierungen.

Ich habe Ihnen zu Beginn des Kapitels einen Spruch aus dem jüdischen Talmud mitgebracht: „Achte auf deine Gedanken, denn deine Gedanken werden zu Worten. Achte auf deine Worte, denn deine Worte werden zu Taten. Achte auf deine Taten, denn deine Taten werden zu Gewohnheiten und achte auf deine Gewohnheiten, denn deine Gewohnheiten werden zu deinem Charakter. Achte auf deinen Charakter, denn dein Charakter wird dein Schicksal."
Diese Gleichung zusammengefasst bedeutet: Ihre Worte prägen Ihr Schicksal. Und ich glaube, das ist genügend Motivation für Sie, über das Thema „Positive Sprache" intensiv nachzudenken. Das machen wir mit einer Übung.

Ich gebe Ihnen gleich eine Reihe von Aussagen und lade Sie ein, darüber nachzudenken, wie Sie diese Aussagen positiv umformulieren können. Also ich schreibe Ihnen eine Aussage, Sie nehmen sich eine Pause zum Nachdenken und erst dann lesen Sie weiter. Für jedes Beispiel mache ich Ihnen einen Vorschlag aus meiner Sicht, wie Sie dieses Wort oder diesen Satz positiv ausdrücken können.

Sind Sie bereit?

Mein erstes Wort ist ein Wort, von dem ich sicher bin, dass Sie es regelmäßig verwenden.

Das Wort zum umformulieren ist „müssen".

Beispielsweise „Da müssen Sie morgen noch einmal anrufen." Na, was fällt Ihnen dazu ein? Wie können Sie dieses „müssen" besser ausdrücken?

Stopp, nicht weiterlesen. Erst über eine gute Alternative nachdenken!

Meine Auflösung für das Wort „müssen" ist das Wort „bitte".
„Bitte rufen Sie morgen noch einmal an."
Wobei es in diesem Fall natürlich besser wäre, den Kunden zurückzurufen.
Doch nehmen wir als Beispiel „Sie müssen um die Ecke gehen und dort mit dem Mitarbeiter sprechen."
„Bitte gehen Sie um die Ecke und sprechen Sie dort mit dem Mitarbeiter."

Die nächste Aussage zum Umformulieren ist „Du darfst nicht."

Welche Alternative fällt Ihnen dazu ein?

Mein Vorschlag: „Bitte mache."

Die nächste Aussage zum Umformulieren ist das Wort „aber".
Zum Beispiel in „… aber, das geht so nicht."

Welche Alternative fällt Ihnen dazu ein?

Mein Vorschlag:

Ersetzen Sie das Wort „aber" durch die Worte „allerdings", „jedoch", „obwohl", „nur" und „und".

Das Faszinierende ist, dass Sie feststellen werden, dass Sie an vielen Stellen, an denen Sie das Wort „aber" einsetzen, genauso gut das Wort „und" einsetzen können. Ja, klingt zuerst mal verrückt.

Das Wort „aber" sorgt dafür, dass Ihr Gegenüber, bildlich gesprochen, das Visier herunterklappt. „Aber" klingt nach einem Angriff.
Wenn Sie das Wort „und" gebrauchen merkt Ihr Gegenüber nicht, dass Sie unter Umständen anderer Meinung sind, das Visier bleibt oben, Sie bleiben in der

Kommunikation. Sie haben keine Konfrontation, sondern weiterhin Kommunikation.

Die nächste Aussage zum Umformulieren sind Urlaute, wie beispielsweise „äh", „öh", „hm".

Welche Alternative fällt Ihnen dazu ein?

Mein Vorschlag:

Hier gibt es natürlich keine sinnvolle Ersetzung, denn Sie wollen „äh" nicht durch „üh" ersetzen, sondern … machen Sie eine Pause! Sagen Sie nichts! Urlaute entstehen nämlich dann, wenn wir noch überlegen und dabei schon etwas sagen. Deshalb lieber eine Pause machen.

Die nächste Aussage zum Umformulieren ist das Wort „man".

Welche Alternative fällt Ihnen dazu ein?

Mein Vorschlag:

„Sie"! Und in manchen Fällen auch „wir".
„Man" ist zu allgemein und zu schwach.

Die nächste Aussage zum Umformulieren ist „Das kannst du nicht!"

Welche Alternative fällt Ihnen dazu ein?

Mein Vorschlag:

„Bist du dir sicher, dass …" (… dass es so funktioniert, … dass du das kannst, … dass das richtig ist)

Die nächste Aussage zum Umformulieren ist „Das geht nicht!"

Welche Alternative fällt Ihnen dazu ein?

Mein Vorschlag:

„Das geht nicht" lässt sich ersetzen durch „Das wäre möglich, wenn …" Das ist für mich eines der wertvollsten Beispiele für positive Sprache. Ich gebe Ihnen dazu ein etwas ausführliches Beispiel: Ein Kunde möchte von Ihnen ein Auto kaufen. Er möchte das Auto in zwei Wochen geliefert bekommen. Nun können Sie ihm sagen: „Das geht nicht, denn die Produktionszeit ist zu lang, um Ihnen das Auto in zwei Wochen zu liefern." Ersetzen Sie das doch durch „Das wäre möglich, wenn wir bei einem anderen Händler in Deutschland das Auto finden und Sie bereit sind, die Mehrkosten von 5.000 Euro zu tragen." Sie haben Ihrem Kunden die Alternative offengelassen, ob er das Auto zu diesem Preis haben möchte oder nicht.

Die nächste Aussage zum Umformulieren ist das Wort „konkret".

Welche Alternative fällt Ihnen dazu ein?

Mein Vorschlag:

Lassen Sie „konkret" weg. Das ist ein Füllwort.

Die nächste Aussage zum Umformulieren ist „ehrlich gesagt".

Welche Alternative fällt Ihnen dazu ein?

Mein Vorschlag:

Lassen Sie diese Aussage unbedingt weg. Denn wenn Sie betonen müssen, dass Sie JETZT ehrlich sprechen ... wie haben Sie dann vorher gesprochen?

Die nächste Aussage zum Umformulieren ist „Eigentlich / Theoretisch geht das so."

Welche Alternative fällt Ihnen dazu ein?

Mein Vorschlag:

Auch das lassen Sie bitte weg. Es sind alles Füllworte, die vollkommen überflüssig sind.

Nehmen wir ein paar Begriffe zum positiven Umformulieren, wie beispielsweise die „Blindbewerbung".

Wie wäre es denn mit „Direktbewerbung"? Sie sehen, eine kleine Änderung gibt bereits dem Wort eine andere Bedeutung. Denn Sie bewerben sich direkt, nicht als Blinder.

Jetzt sind wieder Sie dran:

Die nächste Aussage zum Umformulieren ist das Wort „Kosten".

Welche Alternative fällt Ihnen dazu ein?

Mein Vorschlag:

„Investitionen". Was möchte Ihr Kunde lieber hören? Dass er Kosten hat, wenn er von Ihnen ein Produkt bekommt? Oder dass er in Ihr Produkt investiert, um mehr zurückzubekommen? Sehen Sie?

Die nächste Aussage zum Umformulieren ist „die Leute".
Welche Alternative fällt Ihnen dazu ein?

Mein Vorschlag:

Ersetzen Sie „die Leute" bitte durch „Menschen", „Mitmenschen", „Mitarbeiter",
„Teilnehmer". Das ist viel direkter, als das Anonyme „Leute".

Die nächste Aussage zum Umformulieren ist das Wort „Kritikgespräch".

Welche Alternative fällt Ihnen dazu ein?

Mein Vorschlag:

Wie würden Sie sich fühlen, wenn Sie zu einem „Kritikgespräch" geladen werden?
Würden Sie nicht lieber zu einem „Feedbackgespräch" oder einem „Optimie-
rungsgespräch" kommen?

Die nächste Aussage zum Umformulieren ist „Gibt es noch Einwände?".

Welche Alternative fällt Ihnen dazu ein?

Mein Vorschlag:

„Können wir das so festhalten oder so vereinbaren?"
Sie sehen, „Gibt es noch Einwände" ist negativ. „Können wir das so festhalten"
ist positiv.

Die nächste Aussage zum Umformulieren ist das Wort „Konkurrent".

Welche Alternative fällt Ihnen dazu ein?

Mein Vorschlag:

Ich habe viel lieber „Mitbewerber" oder sogar „befreundete Marktteilnehmer". Die nächste Aussage zum Umformulieren ist „Das stimmt nicht", „das kann nicht sein". Welche Alternative fällt Ihnen dazu ein?

Mein Vorschlag:

„Kann es nicht sein, dass …" „Das stimmt nicht" ist abschließend – destruktiv. „Kann es nicht sein, dass …" gibt Ihnen noch die Möglichkeit, eine Alternative zu finden.

Die nächste Aussage zum Umformulieren ist „Schade, dass es diese Woche nicht klappt."

Welche Alternative fällt Ihnen dazu ein?

Mein Vorschlag:

„Schön, dass wir uns nächste Woche sehen." Negatives können Sie in nahezu allen Fällen ins Positive umformulieren. Auch das nächste Beispiel zeigt es Ihnen:

Die nächste Aussage zum Umformulieren ist „Beachten Sie, dass die Lieferzeit sechs bis acht Wochen beträgt."

Welche Alternative fällt Ihnen dazu ein?

Mein Vorschlag:

„Wir garantieren Ihnen eine Lieferung in der Regel sechs bis acht Wochen nach Eingang Ihres Auftrages." Dieselbe Aussage positiv umformuliert.

Und ein Beispiel, das ich am Flughafen in Wien bei einem Coffeeshop gesehen habe, ist eine Beschreibung für das Wort „Selbstbedienung".

„Selbstbedienung" wird von den meisten von uns zunächst als negativ empfunden, weil kein Service angeboten wird. Im Coffeeshop am Flughafen steht z. B. stattdessen: „Gerne bedienen wir Sie am Büffet".

Anhand dieser Beispiele haben Sie einen guten Einblick bekommen, dass es viele Elemente in der Sprache gibt. Diese Liste war nicht vollständig. Es gibt noch so viel mehr Beispiele, die Sie positiv umformulieren können. Fragen Sie sich selbst: „Was kommuniziere ich meinem Kunden und wie kommt das bei meinem Kunden an? Was hört, liest und sieht mein Kunde? Vielleicht antworten Sie: „Das sind doch aber Details." Ganz genau. Diese Details machen den Unterschied, und zwar zwischen nur mittelmäßig und besser sein als Ihre Mitbewerber. Positive Sprache sind jedoch nicht nur die Worte und Sätze, die Sie gerade umformuliert haben, sondern auch die positive Sprache Ihres Unternehmens. Vergrößern wir das Bild, schauen wir auf Ihr Unternehmen. Vergessen Sie nicht, es spielt keine Rolle, ob Sie selbst der Unternehmer oder ein angestellter Unternehmer sind.

Sie haben bestimmt schon einmal darüber nachgedacht, wie nicht nur Sie, sondern auch andere Menschen um Sie herum, z. B. Ihre Mitarbeiter oder Kollegen, mit Ihren Kunden sprechen. Und ich bin mir ganz sicher: Von der Liste, die wir gerade umformuliert haben, haben Sie bereits selbst als Kunde viele Begriffe gehört und sich vermutlich darüber geärgert.

Lassen Sie uns das gemeinsam ändern!

DER ERSTE EINDRUCK AM TELEFON

In vielen Fällen ist das Telefon der erste Kontakt, den Ihr Kunde mit Ihnen oder Ihrem Unternehmen hat. Das fängt bereits an, wenn das Telefon klingelt. Eine Grundregel besagt, dass das Telefon – dass Ihr Telefon – nach Möglichkeit nicht öfter als dreimal klingeln sollte. Warum? Weil der Kunde beim vierten Klingeln möglicherweise wieder aufgelegt hat und jemanden anruft, der dieselbe Leistung erbringen kann und der früher abnimmt. Wenn ich sage, es ist wichtig, dass jemand spätestens nach dem dritten Klingeln den Anruf entgegennimmt, dann meine ich natürlich damit, dass diese Person auch weiß, was sie sagen soll. Das ist ziemlich leicht. Meine Empfehlung für Sie ist: Beginnen Sie zuerst mit dem Gruß, also „Guten Tag", „Guten Morgen", „Guten Abend". Wenn „Hallo" zu Ihrem Unternehmen passt, dann auch „Hallo". Allerdings ist „Hallo" in den meisten Branchen zu flapsig. Dann nennen Sie den Firmennamen und Ihren Namen. Zum Beispiel: „Guten Tag, die Plath & Partner AG, ich bin Alexander Plath." Auf diese Weise weiß Ihr potenzieller Kunde, dass er a) beim richtigen Unternehmen gelandet ist, und b) mit einem richtigen Menschen und nicht mit einem Computer spricht. Ich finde es immer persönlicher, wenn ich den Namen meines Gesprächspartners kenne, wenn ich irgendwo anrufe. Und bitte, ich gehe davon aus, dass Sie wissen, wie Ihr Unternehmen heißt, und auch, wie Sie selber heißen – aber Ihr potenzieller Kunde weiß das in vielen Fällen nicht. Leiern Sie Ihre Begrüßung deshalb nicht so schnell wie möglich herunter, sondern sprechen Sie langsam und deutlich. Gerade zu Beginn eines Telefongesprächs, bei dem das Ohr Ihres Anrufers sich erst einmal auf Sie einstellt, ist das wichtig. Erinnern Sie sich an die Werbung mit dem Werbespruch „Hier werden Sie geholfen"? Das ist das Gefühl, das Sie am Telefon bei Ihrem Kunden auslösen möchten, wenn er anruft. „Hier werden Sie geholfen" bedeutet: „Hier bekommen Sie das, was Sie möchten und das auch noch freundlich und so schnell wie möglich." Und *so schnell wie möglich* bedeutet wiederum, dass Ihr Kunde so schnell wie möglich an den richtigen Gesprächspartner weitergeleitet werden kann, oder – wenn dieser nicht da ist – der Gesprächspartner zurückruft. Eine der größten Killerphrasen am Telefon für mich ist: „Herr Meier ist nicht da. Da müssen Sie noch mal anrufen." Also erstens muss ich als Kunde gar nichts, außer vielleicht Ihren Mitbewerber anrufen, der freundlicher und besser ist, und zweitens sollte es selbstverständlich, dass Herr Meier mich zurückruft. Bei der Vermittlung eines Telefongesprächs ist es wichtig, dass Sie den Kunden nicht in der Warteschleife verschmoren lassen, sondern das Gespräch zurücknehmen und einen Rückruf durch Herrn Meier anbieten, wenn dieser nach dem dritten Klingeln nicht abgenommen hat. Auch hinsichtlich der Warteschleife und der Warteschleifenmusik in Ihrer Telefonanlage gibt es einige Punkte, die bereits viel über Ihr Unternehmen aussagen. Wenn Sie beispielsweise keine Warteschleifenmusik haben, sondern nur Stille, dann denkt Ihr Kunde unter Umständen, dass die Verbindung unterbrochen ist und legt auf. Bitte überlegen Sie, welche Gefühle Sie mit der Musik in Ihrer Warteschleife bei Ihrem Kunden auslösen wollen. Heavy Metal auf dem Band einer Kundenserviceabteilung ist vermutlich keine gute Idee. Nutzen Sie die Wartezeit Ihres Kunden doch, um auf Ihre aktuellen Angebote aufmerksam zu machen oder um den Kunden mit Ihrem Elevator Pitch – eine Kurzpräsentation über Ihr Unternehmen – davon zu überzeugen, dass er beim für ihn richtigen Unternehmen gelandet ist. Was ein Elevator Pitch ist und wie Sie einen starken Elevator Pitch hinbekommen, behandeln wir im späteren Kapitel mit genau diesem Namen – „Elevator Pitch".

Mir ist es wichtig, Sie dafür zu sensibilisieren, dass oftmals an einer Stelle viel Geld und Mühe aufgewandt wird, damit an einer anderen Stelle, auf die wir gar nicht geachtet haben, der gute Eindruck schneller wieder vernichtet wird, als er mühsam aufgebaut wurde. Und eins sollte bitte selbstverständlich sein: Wenn ein Rückruf versprochen wird, dann hat dieser Rückruf auch zu erfolgen. Wenn Sie nicht sicher sind, ob Herr Meier heute noch zurückrufen kann, dann versprechen Sie es auch nicht. Seien Sie ehrlich und sagen Sie: „Herr Meier ist zurzeit außer Haus unterwegs. Ich werde ihm Ihre Rufnummer geben und ihn bitten, Sie zurückzurufen. Ich kann Ihnen nicht versprechen, ob das heute der Fall ist, er wird sich jedoch spätestens morgen bei Ihnen melden." Dabei sollten Sie natürlich sicher sein, dass Herr Meier nicht gerade im Urlaub ist, denn dann wird er wohl kaum morgen zurückrufen können. In diesem Fall empfehlen Sie einen Kollegen für den Rückruf.

DIE „ZWEI-DRITTEL-ZU-EIN-DRITTEL-REGEL"

Neben der positiven Sprache und den positiven Formulierungen gibt es noch weitere Elemente – für mich sind das ebenfalls Werkzeuge in Ihrem Werkzeugkasten – in der Kommunikation, die Ihnen helfen, mit Ihrem Kunden / Ihren Mitmenschen zu kommunizieren. Es gibt eine Regel, die sich „Zwei-Drittel-zu-ein-Drittel-Regel" nennt. Die „Zwei-Drittel-zu-ein-Drittel-Regel" besagt, dass Sie ein Drittel der Zeit reden und Ihr Gegenüber zwei Drittel der Zeit. Gerade wenn Sie im Verkauf tätig sind, wird Sie das möglicherweise verblüffen. Möglicherweise denken Sie gerade: „Moment mal, was ich über mein Produkt zu sagen habe, weiß doch der Kunde nicht." Auf den ersten Blick richtig, auf den zweiten Blick stelle ich das infrage. Denn wie wollen Sie Ihrem Kunden genau das erzählen, was er wissen will, wenn Sie gar nicht wissen, was er wissen will? Wa-bri-mi-da? Ihren Kunden interessieren nicht die 500 Argumente, die Ihr Produkt mit sich bringt. Ihren Kunden interessieren hiervon lediglich die 20, die für ihn wichtig sind. Entweder Sie sind Hellseher oder Sie hören gut zu. Ich gehe davon aus, dass wir nur wenige Hellseher im Laufe unseres Lebens kennenlernen, deshalb bleibt nur die Option, gut zuzuhören. Damit Ihnen das gelingt, hilft Ihnen die „Zwei-Drittel-zu-ein-Drittel-Regel". Durch diese Regel geben Sie Ihrem Kunden Zeit, Sie darüber zu informieren, welche Erwartungen er an Ihr Produkt hat. Sie brauchen einfach nur gut zuhören. Was ist die Antwort, die Ihr Kunde auf die Frage „Wa-bri-mi-da?" hören möchte? Zwei Drittel der Zeit gehören Ihrem Kunden. Ein Drittel der Zeit gehört Ihnen, um Ihrem Kunden seine „Wa-bri-mi-da"-Frage zu beantworten. Andere Beispiele sind sogar noch ein wenig extremer. So gibt es auch die „80-20-Regel", bei der also 80 % der Zeit Ihrem Kunden gehören und 20 % der Zeit Ihnen. Die Natur trägt diesen Regeln übrigens ebenfalls Rechnung: Haben Sie sich schon einmal gefragt, warum Sie zwei Augen und zwei Ohren, aber nur einen Mund haben? Das ist kein Konstruktionsfehler der Natur. Sie sind besser auf das Zuhören als auf das Reden vorbereitet.

ICH-BOTSCHAFTEN

Die Ich-Botschaften sind für mich eines der stärksten Elemente einer positiven, kundenorientierten Kommunikation.

Ich-Botschaft bedeutet nicht, dass jeder Satz, der mit „Ich" beginnt oder in dem „Ich" vorkommt, eine Ich-Botschaft ist. Wir unterscheiden zwischen sogenannten Ich-Aussagen und Ich-Botschaften. Das mag vielleicht kompliziert klingen. Ich werde es Ihnen jedoch mit Beispielen erklären. Das war jetzt übrigens keine Ich-Botschaft. Warum, das werden wir auch gleich sehen.

Ich-Botschaften sind für mich Entschärfer der Sprache, also sozusagen die Bombenräumkommandos, die die Sprachminen wegräumen, damit es keine Explosion zwischen Ihnen und Ihrem Kunden gibt. Denn es kann passieren, dass Sie etwas sagen, das Ihr Gegenüber verletzt oder bei diesem Gegenwehr oder sogar Schuldgefühle hervorruft. Es könnte auch sein, dass Ihre Worte als Tadel, Herabsetzung oder auch als Ablehnung empfunden werden. Sie merken, wir sind hier voll auf der Gefühlsebene. Nicht Kopf – Gefühl! Denken Sie bitte zurück an den Eisberg. Nur ein ganz kleines Stückchen Kopf schaut aus dem Wasser und viel Gefühl ist unsichtbar. Ich-Botschaften helfen, damit unsere Aussagen nicht als Missachtung, Bestrafung oder Ablehnung wahrgenommen werden, beispielsweise, wenn Ihnen jemand sagt: „Da solltest Du Dich endlich einmal drum kümmern." Denn dieser Satz ist ein Befehl. Dem Gegenüber wird unterstellt, dass er etwas vernachlässigt habe. Mein spontaner Gedanke darauf ist: „Moment mal, wer sagt mir was ich tun soll?" Sie erinnern sich noch an Ihre Liste, auf der war zuallererst das Wort „müssen" stand? „Du solltest Dich endlich einmal drum kümmern." ist lediglich eine etwas höflichere Umschreibung des Wortes „muss". Diese Person hätte auch genauso gut sagen können: „Du musst Dich darum kümmern."

Ein anderes Beispiel: Die Aussage „Was dabei herauskommt, wirst du schon sehen" löst bei mir persönlich die Reaktion „So, so, ich werde dir schon zeigen, was dabei herauskommt." Aus. Das ist negative Kommunikation. Auch Aussagen, wie „Für dich ist es wichtig, dass diese Unterlagen pünktlich fertig sind", klingen nicht gut gemeint, sondern nach einer Drohung. Bei einer solchen Aussage kommen mir Gedanken wie: „Ich werde dir schon zeigen, was für mich wichtig ist. Und das entscheidest mit Sicherheit nicht du. Denn neuerdings entscheide ich selber, was für mich wichtig ist." Aussagen wie: „Das haben Sie vollkommen falsch gemacht!" oder: „Da haben Sie mich völlig falsch verstanden!" sind Aussagen mit sehr viel „Explosionspotenzial". Wir sind uns oftmals gar nicht dessen bewusst, wenn wir sie sagen. Im Klartext sagen Sie damit: „Sie sind einfach zu dumm, zu unfähig, um zu verstehen, was ich meine." Diese Aussage können Sie entschärfen, indem Sie in die Ich-Form wechseln und eine Ich-Aussage daraus machen. Also statt „Da haben Sie mich falsch verstanden" sagen Sie „Da habe ich mich missverständlich ausgedrückt". Bereits mit dieser so einfachen Umformulierung nehmen Sie eine große Menge Konfliktpotenzial heraus. Bitte achten Sie auch in diesem Fall auf das Detail. Wenn Sie sagen „Da habe ich mich <u>wohl</u> missverständlich ausgedrückt", besteht genauso großes „Explosionspotenzial" wie zuvor. Das Wort „wohl" könnte Ihr Gegenüber ironisch auffassen. Zugegebenermaßen, manchmal bedeutet das, dass wir unseren eigenen Ärger schlucken müssen, weil wir wirklich glauben, dass der andere uns falsch verstanden hat und wir uns nicht falsch ausgedrückt haben. Nur, denken Sie an die Kundensicht. Der erste Eindruck hat mit Ihrem Kunden, Ihrem Gegenüber zu tun. Es geht immer um den ersten Eindruck, den Sie bei einem anderen hinterlassen, also um das, was beim anderen ankommt. Es kann nur an Ihnen liegen, ob Sie sich richtig oder falsch ausdrücken. Denn Sie setzen voraus, dass Ihr Kunde Sie richtig versteht. Machen Sie sich immer wieder bewusst: Es geht um Ihren Kunden! Drücken Sie sich so aus, dass für Ihren Kunden klar ist, was Sie meinen.

Einen Schritt weiter als die Ich-Aussagen sind die sogenannten Ich-Botschaften. Eine Ich-Botschaft ist ein tolles Hilfsmittel für Sie, um Spannung und Ärger aus Gesprächen herauszunehmen, oftmals auch, um verfahrene Gespräche wieder in die richtige Richtung zu lenken, um Ihr Gesprächsziel zu erreichen. Ich finde Ich-Botschaften spannend, weil sie einfach einzusetzen sind, denn sie bestehen immer aus drei Elementen.

Element Nr. 1 einer Ich-Botschaft: Was stört mich? Was erlebe ich? Was kommt bei mir nicht gut an?

Element Nr. 2: Welches Gefühl oder welche Gefühle löst das Verhalten des anderen oder diese Situation bei mir aus?

Das dritte Element der Ich-Botschaft ist ein Lösungsvorschlag.

Sie sehen, die Ich-Botschaft ist konstruktiv mit einer Lösung: Wie können Sie das ändern oder was wünschen Sie sich, damit diese negativen Gefühle in Ihnen nicht mehr entstehen.

Ein paar Beispiele: Nehmen wir z. B. einen Kunden, der Ihnen Geld schuldet. Sie haben Ihre Leistung bereits erbracht und jetzt warten Sie auf die Überweisung des Kunden. Die Zahlung sollte letzte Woche fällig gewesen sein, doch das Geld ist noch immer nicht auf Ihrem Konto. Natürlich können Sie jetzt den Kunden anrufen und sagen „Sie hätten mir schon längst mein Geld überweisen sollen, Sie sind einfach unzuverlässig und das schon zum zweiten Mal." Ihr Ärger ist durchaus verständlich. Er wird Ihnen jedoch nicht dazu verhelfen, Ihr Geld zu bekommen. Denn auf diese Weise fangen Sie Streit mit dem Kunden an. Und bekannterweise verlieren Sie mit jeder gewonnenen Diskussion einen Kunden. Vielleicht zahlt Ihr Kunde, aber er wird nie wieder bei Ihnen bestellen. Wie können Sie das umformulieren? Wir erinnern uns: Punkt 1 ist die Beschreibung des Verhaltens, das Sie stört, in diesem Fall also, dass Ihr Kunde noch nicht bezahlt hat. Sie könnten dem Kunden sagen: „Ich habe gerade meine Kontoauszüge überprüft und festgestellt, dass Ihre Zahlung bei mir noch nicht eingegangen ist." Das zweite Element der Ich-Botschaft sind die Gefühle, die das Verhalten in Ihnen auslöst. Das wäre in diesem Fall beispielsweise „Das verärgert mich. Denn Sie haben bereits bei der letzten Rechnung mit mir vereinbart, dass Sie spätestens zum Fälligkeitsdatum bezahlen. Ich bitte Sie, in Zukunft" – (das ist jetzt der dritte Teil Ihrer Ich-Botschaft!) –, „bei Ihrer Bank die Überweisung mit spätestens exakt dem Datum in Auftrag zu geben, das wir vereinbaren, damit das Geld pünktlich auf meinem Konto ist." Das ist also Ihr Lösungsvorschlag.

Wenn Ihr Kunde die Bank entsprechend anweist, dann ist das Geld pünktlich auf Ihrem Konto. Mit dieser Ich-Botschaft haben Sie Ihren Ärger und Ihre Enttäuschung ausgedrückt, jedoch auf eine Weise, die Ihrem Kunden die Möglichkeit gibt, aus dieser Situation herauszukommen, ohne sich verteidigen zu müssen. Das ist der entscheidende Punkt.

Ein anderes Beispiel: Sie verabreden sich um 08:00 Uhr mit einem Kollegen oder einer Kollegin, um morgens zur Arbeit zu fahren. Ihr Kollege kommt um 08:15 Uhr. Ihre spontane Reaktion ist, wenn Sie ehrlich sind, in der Regel: „Du bist schon wieder zu spät und jetzt kriegen wir gemeinsam eins auf den Deckel!" Wie können Sie das in eine Ich-Botschaft umformulieren? Mein Vorschlag: „Wir haben vereinbart, dass wir uns um 08:00 Uhr hier treffen. Ich bin beunruhigt, dass wir es jetzt nicht mehr pünktlich ins Büro schaffen werden und deswegen vom Chef einen Rüffel bekommen. Wenn wir in Zukunft gemeinsam fahren wollen ist es wichtig, dass ich mich darauf verlassen kann, dass du pünktlich hier bist." Sie sehen, es sind alle drei Elemente enthalten. Fragen Sie sich doch selbst einmal ehrlich: Bei welcher der beiden Aussagen wären Sie eher motiviert in Zukunft pünktlich zu sein?

Jetzt nehmen wir noch ein paar Beispiele für Ich-Botschaften als Übung.

Ich gebe Ihnen die Aussage und Sie nehmen Sie sich bitte etwas Zeit, um daraus eine Ich-Botschaft zu machen. Sie bekommen natürlich auch einen Lösungsvorschlag von mir.

Denken Sie bitte daran: Ihre Ich-Botschaft besteht aus drei Teilen.

1. Was stört Sie.
2. Welches Gefühl löst es in Ihnen aus.
3. Unterbreiten Sie einen Lösungsvorschlag oder kommunizieren Sie, was sich aus Ihrer Sicht verändern muss.

Fangen wir mit dem ersten Beispiel an.

„Dieses Schreiben ist ja komplett daneben! Was haben Sie sich bloß dabei gedacht? Und schauen Sie sich mal diese Aufteilung an! Sie müssen den Brief noch einmal schreiben und dieses Mal bitte mit Gehirn!"

Nehmen Sie sich jetzt bitte die Zeit und formulieren Sie diese Botschaft in eine Ich-Botschaft um. Erst dann lesen Sie bitte weiter.

Ein Lösungsvorschlag von mir:

„Ich finde, bei diesem Schreiben ist die Aufteilung nicht gelungen. Bekäme ich einen solchen Brief, hätte ich keinen guten Eindruck von dem Unternehmen, das ihn verschickt, und ich befürchte, dass ein solches Schreiben dem Auftreten unseres Unternehmens und damit unserem ersten Eindruck beim Kunden schadet. Ich bitte Sie, dieses Schreiben mit einer besseren Aufteilung noch einmal zu erstellen."

Sie sehen: eine ganz klare Anweisung und ein ganz klarer Hinweis, was Sie erwarten, ohne jedoch direkt anzugreifen. Das ist der entscheidende Punkt bei den Ich-Botschaften.

Machen wir weiter. Ich gebe Ihnen noch ein paar Aussagen und lasse Sie diese Ich-Botschaften umformulieren.

„Mäßigen Sie Ihren Ton mir gegenüber! Sonst können wir dieses Gespräch hier gleich beenden und Sie werden schon sehen, was Sie davon haben!"

Bitte formulieren Sie diese Aussage positiv um (ohne den Zweck zu verändern).

Mein Vorschlag: Wie wäre es stattdessen mit: „Ich empfinde Ihren Ton mir gegenüber als verletzend und herabsetzend. Ich führe das Gespräch mit Ihnen gerne weiter, kann dies jedoch nur, wenn wir uns sachlich unterhalten, ohne persönlich zu werden."

„Beeilen Sie sich gefälligst! Wir können unsere Kunden nicht so lange warten lassen! Es ist eine Zumutung, wie langsam Sie sich bewegen!"

Bitte formulieren Sie diese Aussage positiv um (ohne den Zweck zu verändern).

Mein Vorschlag: „Ich bin besorgt, wenn unsere Kunden zu lange an der Theke warten müssen. Nur wenn es uns gelingt, die Kunden besser zu bedienen als unsere Mitbewerber, werden wir langfristig diese Kunden auch behalten können. Ich bitte Sie daher, sich in Zukunft mehr zu beeilen."

„Sie haben schon wieder vergessen, abends den Computer auszuschalten! Auf Sie ist einfach kein Verlass!"

Bitte formulieren Sie diese Aussage positiv um (ohne den Zweck zu verändern).

Mein Vorschlag: „Ich fühle mich von Ihnen ignoriert, weil Sie jetzt schon zum dritten Mal vergessen haben, den Computer abends abzuschalten. Nur wenn die Arbeitsstationen abends abgeschaltet werden, kann das automatische Back-up auch funktionieren und nur dann haben wir die Sicherheit, dass unsere Daten auch täglich gesichert werden. Es ist mir daher wichtig, dass ich mich darauf verlassen kann, dass Sie jeden Abend den Computer ausschalten, damit wir garantiert keine Daten verlieren."

Noch ein Beispiel aus dem privaten Bereich:
„Nie hilfst du mir bei der Hausarbeit und liegst immer nur faul auf dem Sofa rum!"

Bitte formulieren Sie diese Aussage positiv um (ohne den Zweck zu verändern).

Mein Vorschlag: „Ich fühle mich missachtet, weil du mir nicht bei der Hausarbeit hilfst. Wir haben vereinbart, dass du mir am Wochenende unter die Arme greifst, damit wir beide das Wochenende genießen können. Bitte fasse jetzt noch mit an, damit wir noch einige Stunden Freizeit gemeinsam haben." Klingt das nicht viel besser?

Sie sehen, mit Ich-Botschaften können Sie die Kommunikation entschärfen, ohne dass Sie darauf verzichten müssen zu sagen, was Sie beschäftigt, was Sie verärgert, was Sie enttäuscht und was Sie gerne haben möchten.

Ich fasse noch einmal zusammen:

Eine Ich-Botschaft ist ein Lösungsvorschlag.

Eine Sie-Botschaft ist in vielen Fällen ein Angriff oder wird zumindest von Ihrem Kunden bzw. Ihrem Gegenüber als solcher verstanden.

Nun gibt es natürlich Bereiche, in denen auch Sie-Botschaften sinnvoll und wichtig sind, zum Beispiel im Marketing, wenn Sie Ihren Kunden von etwas überzeugen wollen. Bei den Ich-Botschaften ging es darum, die Welt aus Ihrer Sicht zu sehen, denn Sie kommunizieren, was Sie wahrgenommen haben, was Sie stört und was Sie verändert haben möchten. Im Marketing jedoch ist es wichtig, die Welt aus Sicht des Kunden zu sehen. Deswegen setzen Sie dort Sie-Botschaften ein. Sie können zum Beispiel dem Kunden einen Brief folgenden Inhalts schicken: „Ich schicke Ihnen mit diesem Brief unseren neuesten Katalog." Wer steht im Mittelpunkt? Ich – ich schicke Ihnen. Sie können stattdessen schreiben: „Sie erhalten mit diesem Brief unseren neuesten Katalog." Jetzt steht Ihr Kunde im Mittelpunkt. Es geht um die Perspektive des Gegenübers und hier kommen wir wieder zurück auf den Kunden, der sich fragt „Was bringt mir das?"

Analysieren Sie doch einmal die E-Mails, die Sie in den letzten Tagen bekommen oder versandt haben, danach: Haben Sie „Ich" oder „Sie" geschrieben? Denn auch in der schriftlichen Kommunikation zählt die Kundensicht.

STIMME

In diesem Kapitel zeige ich Ihnen, wie Sie mit einfachen Übungen an Ihrer Stimme arbeiten.

Die meisten denken vermutlich beim Thema „Stimme" an lustige Übungen mit denen Sie so im Nullkommanix eine supertolle Stimme bekommen. Das mit der Stimme ist so eine Sache. Natürlich gibt es diese Übungen. Schauspieler und Redeprofis tunen damit ihre Stimme. Ich habe selbst schon Stimmtrainings gemacht und ich kann Ihnen sagen, das ist wirklich lustig. Der Hauptfaktor bei der Stimme ist jedoch die Selbstsicherheit. Selbstsicherheit ist das, was Sie über sich selbst denken, wie Sie sich selbst wahrnehmen und fühlen. Sie hat viel mehr Einfluss auf Ihre Stimme als alle Übungen der Welt zusammen. Deshalb werden wir später beim Kapitel „Souveränität und Selbstsicherheit" ganz intensiv auf diesen Punkt eingehen.

Die Stimme hat stets Einfluss auf unser Gegenüber. Wir assoziieren mit einer tiefen Stimme Kompetenz. Hören Sie dagegen eine hohe Stimme, z. B. eine Fistelstimme, klingt das für Sie eher nervös. Und tatsächlich verhält es sich genau so: Wenn Sie nervös sind, sprechen Sie hoch. Sind Sie mit sich selbst im Gleichgewicht, haben Sie eher eine tiefe und ruhige Stimme. Deshalb bedeutet Stimmtraining vor allem Training für mehr Selbstsicherheit. Ich gebe Ihnen einige Tipps und Tricks, die Ihnen hierbei helfen werden.

Wenn Sie merken, dass Ihre Stimme belegt ist, trinken Sie Wasser. Das Trinken hat im Übrigen noch einen weiteren Vorteil: Sie machen automatisch eine kleine Pause, in der Sie darüber nachdenken können, was Sie als Nächstes sagen.

Versuchen Sie lieber zu summen oder zu kauen, als sich zu räuspern oder zu husten, denn das reizt in der Regel Ihre Stimmbänder.

Sie müssen bei den Stimmtrainingsübungen nicht so weit gehen wie die alten

Griechen. Die haben nämlich Kieselsteine in den Mund genommen und das Meer angebrüllt. Dennoch gibt es eine Übung, die ich lustig finde und die erstaunlich schnelle Resultate bringt – die „Korkenübung". Für die Korkenübung brauchen Sie nichts weiter als einen Text und einen Weinkorken. (Jetzt bekommen Sie sogar noch die Entschuldigung dafür, dass Sie schnellstmöglich eine Flasche Wein trinken müssen. Aber natürlich tut es auch ein Weinkorken von der Flasche von gestern oder von der letzten Woche.) Nehmen Sie den Weinkorken zwischen Ihre Zähne – längs, nicht quer, so, als ob Sie ein Stück von der Spitze abbeißen wollten. Natürlich beißen Sie nicht wirklich ein Stück ab, denn diese Übung wird nicht von Ihrem Zahnarzt gesponsert. Mit dem Korken im Mund lesen Sie nun Ihren Text laut vor. Sie werden feststellen, dass Sie sich darauf konzentrieren müssen, viel deutlicher zu sprechen, damit überhaupt noch etwas Verständliches Ihren Mund verlässt. Sie zwingen sich mit dieser Übung selbst zu einer deutlichen Aussprache. Das Faszinierende ist – und bitte probieren Sie es wirklich aus – wenn Sie denselben Text jetzt noch mal ohne Korken im Mund sprechen, stellen Sie fest, dass Ihre Aussprache deutlicher geworden ist, weil Sie nicht nur Ihre Mundmuskulatur gelockert, sondern sich selber auch auf eine deutliche Aussprache konditioniert haben. Ich habe übrigens dieses Training öfter mal im Auto gemacht und am Anfang befürchtet, dass mich die anderen Verkehrsteilnehmer für komplett bescheuert halten. Glücklicherweise habe ich im Nachhinein festgestellt, dass es lediglich so aussieht, als würde ich im Auto gerade eine Zigarre rauchen.

Wichtig für eine gute Stimme ist auch die richtige Atmung: Durch die Nase einatmen, den gesamten Oberkörper füllen und durch den Mund ausatmen.

„Atmen Sie tief und langsam in den Bauch."

Diese Technik üben Sie am besten täglich vor dem Einschlafen. Dazu legen Sie sich hin, atmen tief ein und aus und beobachten, wie sich Ihre Bauchdecke hebt und senkt.

Sie können lernen, tief und ruhig zu atmen, gerade auch dann, wenn Ihnen nicht danach ist – etwa vor einem Redeauftritt.

Eine gute Übung – Sie brauchen dafür nur fünf Minuten – ist folgende:

Atmen Sie durch die Nase ein. Dabei zählen Sie langsam bis sechs.

Machen Sie anschließend eine kurze Pause, etwa eine oder zwei Sekunden.

Atmen Sie dann aus und zählen Sie dabei bis acht.

Auf diese Weise atmen Sie innerhalb einer Minute nur viermal ein und aus.

Das erstaunliche Ergebnis: Sie sind in der Folgezeit viel ruhiger und haben mehr Kraft.

Das tiefe Atmen ist daher die ideale Übung für alle, die kurz vor einem Redeauftritt stehen.

Stimmtraining ist die Summe vieler Wiederholungen

Machen Sie es sich zur Gewohnheit, Ihre Stimme zum Beispiel mit folgenden Übungen zu trainieren:

Summen:	Summen entspannt Ihre Stimmbänder.
	Statt Räuspern lieber Summen oder einen Schluck trinken!
	Schließen Sie die Augen und summen Sie locker in einer für Sie angenehmen Tonlage / Ihrer normalen Stimmlage.
	Stellen Sie sich vor, Ihre Mundhöhle ist weit, der Ton kommt aus Ihrem gesamten Kopf, den Augen, den Ohren, der Schädeldecke, dem Nacken, …

Flieger:	Fliegen Sie mit Ihrem Flieger „brrrrrrrrrrr" hoch und tief, in die Kurve rechts und links, die Hände gehen mit.
Schnauben:	Schnauben Sie wie ein Pferd, die Lippen sind ganz locker …
Zungenkreisen:	Lassen Sie Ihre Zunge zwischen Lippen und Zahnfleisch kreisen, zehnmal in jede Richtung, die Zungenspitze fest nach außen gedrückt
Grimasse:	Schneiden Sie die furchterregendsten Grimassen, mit lockeren Gesichtsmuskeln.
Massage:	Massieren Sie Ihre Gesichtsmuskeln, vorzugsweise vom Unterkiefer zu den Ohren.
Gähnen:	Nur Lachen entspannt noch mehr als Gähnen: Formen Sie mit den Lippen ein „o", ziehen Sie die Oberlippe nach vorn herunter und lassen Sie den Unterkiefer fallen. Räkeln Sie sich …
Korkensprechen:	Nehmen Sie einen Korken zwischen die Schneidezähne und sprechen Sie Ihren Text damit, so deutlich wie möglich! Sprechen Sie Ihren Text dann ohne Korken, merken Sie den Unterschied?
Saubere Vokale:	„Singen" Sie die folgenden Vokale O – A – E – I – Ü - U jeweils so lange, wie Sie Luft haben. Erst nur O, dann O-A, dann O-A-E etc. Merken Sie den Unterschied?

KÖRPERSPRACHE

Unsere Körpersprache macht mehr als 50 % der Kommunikation aus, oft sogar weit mehr. Deshalb ist die Körpersprache ein sehr wichtiges Thema.

Und natürlich hat Körpersprache nicht nur einen Einfluss auf Ihr Gegenüber, sondern Ihre Körpersprache hat auch einen Einfluss auf Sie selbst. Durch Ihre Körpersprache können Sie Ihre eigene Stimmung beeinflussen.

Lächeln und eine positive Haltung sind, da sind wir uns sicher einig, positive Körpersprache. Wenn Sie sich gut fühlen, haben Sie eine gute Körpersprache. Und wenn Sie eine gute Körpersprache haben, dann fühlen Sie sich auch gut. Wie meine ich das? Es ist wie ein Kreislauf. Wir können also nicht nur aus unserer Körpersprache ablesen, ob wir uns selbstsicher und souverän fühlen, sondern wir können über unsere Körpersprache sogar unsere Selbstsicherheit und Souveränität beeinflussen. Je selbstsicherer wir sind, desto stärker und überzeugender ist unsere Körpersprache. Und wenn wir in einem Moment das Gefühl haben, wir sind jetzt nicht selbstsicher, können wir mit einer selbstsicheren Körpersprache dafür sorgen, dass wir uns besser fühlen.

Körpersprache bringt oft die Wahrheit zum Vorschein, d. h., sie verrät Ihnen, ob das Gesagte stimmt oder nicht. Ganz elementar ist, dass Sie beim Lesen der Körpersprache immer mehrere Signale gleichzeitig auswerten. Also bitte treffen Sie keine Entscheidungen auf der Basis nur eines körpersprachlichen Signals. Ich höre und lese oft, dass jemand, der mit verschränkten Armen dasteht, abweisend oder ablehnend sei. Aus meiner eigenen Erfahrung kann ich sagen, ich stehe häufiger mit verschränkten Armen da, schlicht und einfach, weil es für mich eine bequeme Haltung ist. Das hat nichts damit zu tun, dass das, was man mir gerade erzählt, oder die Situation, die ich gerade erlebe, von mir abgelehnt wird und ich es nicht wertschätzen kann. Wenn jedoch jemand die Arme verschränkt, den Oberkörper zurücklehnt und sich ein wenig in Richtung Tür dreht, dann können Sie in der Tat mit großer Wahrscheinlichkeit davon ausgehen, dass er nicht bei der

Sache ist und dieses Gespräch vermutlich schon für sich selbst beendet hat. Und das Thema „Wahrscheinlichkeit" spielt hier eine zentrale Rolle. Körpersprache zeigt eine Wahrscheinlichkeit, nie eine definitive Aussage, denn Sie müssen – wie erwähnt – alle Signale gleichzeitig lesen, um zu einem Ergebnis zu kommen. Mit etwas Training wird es Ihnen leichtfallen, die körpersprachlichen Signale Ihres Gegenübers wahrzunehmen und zu erkennen, ob das Gesagte und die Körpersprache übereinstimmen. Bedenken Sie hierbei jedoch, dass Körpersprache in jedem Land – wie die Sprache selbst – anders gesprochen werden kann. Hier geht es ausschließlich um die Körpersprache im deutschsprachigen Raum. Hinzu kommt, dass Körpersprache vor allem dann gut zu lesen ist, wenn sich jemand in einer Stresssituation befindet. Je gestresster Sie sind, desto weniger können Sie Ihre Körpersprache kontrollieren und desto mehr sagt Ihr Körper die Wahrheit über Sie. Und natürlich hat Körpersprache nichts mit einem Tick zu tun. Wenn jemand einen Tick hat, sich permanent am Ohr zu kratzen, dann ist das nicht für eine körpersprachliche Deutung geeignet.

Ich habe hier eine Liste mit körpersprachlichen Aussagen für Sie. Daraus machen wir eine Übung: Ich gebe Ihnen eine „körpersprachliche Aussage" und Sie überlegen und schreiben auf, was Sie daraus lesen. Anschließend bekommen Sie wie gewohnt einen Lösungsvorschlag von mir.

Was bedeutet es für Sie, wenn jemand das Kinn streichelt?

Mein Interpretationsvorschlag: Wenn jemand das Kinn streichelt, kann es bedeuten, dass er einen Vorschlag verwirft, auch wenn er oder sie verbal Zustimmung geäußert hat. Sofort fallen zwei Dinge auf: Erstens „Es kann bedeuten", es muss aber nicht. Wir haben uns hier nur auf ein Signal fokussiert. Ich erwähnte bereits, dass es immer besser ist, mehrere Signale gleichzeitig zu beobachten und zu interpretieren. Und zweitens sehen Sie an diesem Beispiel sehr schön, dass jemand das eine sagt, aber das Gegenteil meinen könnte.

Was bedeutet es, wenn jemand bei der Begrüßung auch Ihren Unterarm greift?

Mein Interpretationsvorschlag: Das kann ein Hinweis dafür sein, dass es jemand ist, der gerne andere dominiert und bestimmen möchte, denn indem er Ihren Unterarm packt, kann er Sie viel besser dirigieren.

Was bedeutet es, wenn jemand Ihnen seine Handflächen zeigt?

Mein Interpretationsvorschlag: Dieser Mensch ist im wahrsten Sinne des Wortes offen für alles und er vertraut Ihnen. Das kommt auch noch aus der Urzeit. Denn an den Handflächen haben wir Schweißdrüsen, mit denen wir unsere Spur hinterlassen. Indem wir zeigen, welche Spur wir hinterlassen – also unsere Handflächen zeigen –, zeigen wir, dass wir dem anderen vertrauen.

Was sagt es Ihnen, wenn jemand keinen Blickkontakt mit Ihnen hält?

Das kann bedeuten, dass er kein Interesse am Gespräch hat. Andererseits ist das eines der Signale, die für eine Fehldeutung sehr anfällig sind, denn unsichere Menschen sind unter Umständen an Ihrem Gespräch interessiert und haben dennoch Probleme damit, den Blickkontakt zu halten.

Was würden Sie sagen, wenn jemand mit dem Oberkörper nach vorne zu Ihnen kommt?

Mein Interpretationsvorschlag: Das bedeutet vermutlich, dass er an Ihnen und am Gespräch, also an der gesamten Situation, interessiert ist. Das Vorbeugen ist in der Regel ein positives Signal.

Was bedeutet es, wenn jemand mit dem Bleistift oder einem anderen Stift spielt?

Mein Interpretationsvorschlag: Das kann mehrere Dinge bedeuten. Es kann bedeuten, dass Ihr Gegenüber nervös ist und / oder sich unwohl fühlt. Es kann auch ein Zeichen dafür sein, dass Ihr Gegenüber nicht zu dem steht, was er oder sie sagt und deswegen unsicher wird.

Was bedeutet es, wenn jemand die Hände in die Hüften stemmt, also die klassische „John-Wayne–Cowboy-Position".

Mein Interpretationsvorschlag: Das ist genau das, was es im Western auch zeigen soll – Ihr Gegenüber will Überlegenheit demonstrieren (und ist bereit zu ziehen). Eine Geste, die Sie im Übrigen häufiger bei Chefs vorfinden.

Wie ist das, wenn jemand die Füße um die Stuhlbeine legt?

Mein Interpretationsvorschlag: Das ist in der Regel ein Zeichen dafür, dass jemand Halt sucht, weil er unsicher ist. Er klammert sich also nicht nur mit den Händen, sondern wirklich auch mit den Füßen an etwas fest.

Und zum Abschluss: Was würden Sie denken, wenn jemand mit der Fußspitze in Richtung der Tür zeigt?

Mein Interpretationsvorschlag: Vermutlich haben Sie dasselbe gedacht wie ich: Diese Person will flüchten. Sie erinnern sich an das erste Beispiel, das ich Ihnen gebracht habe? Mit den verschränkten Armen? Wenn jemand die Arme verschränkt und gleichzeitig mit der Fußspitze zur Tür zeigt, dann kann Ihnen das sagen, irgendetwas passt in der Situation nicht. Das ist für Sie das Signal, darüber nachzudenken, was Sie gesagt oder getan haben, um diese Reaktion auszulösen.

Denn bei der Körpersprache geht es vor allem darum, dass Sie diese Signale deuten, um darauf zu reagieren.

Sie sehen, körpersprachliche Signale sind eine spannende Sache. Wir könnten sicher Stunden mit dieser Übung verbringen.

Das würde an dieser Stelle jedoch zu weit führen. Körpersprache ist ein Thema, das ideal für einen Workshop geeignet ist. Reservieren Sie sich doch einen Platz in einem meiner Trainings.

Jetzt gebe ich Ihnen eine Hausaufgabe für die nächsten drei Tage auf: Beobachten Sie in den nächsten drei Tagen die Menschen um sich herum. Achten Sie auf körpersprachliche Signale und fragen Sie nach, ob Ihre Interpretation richtig ist. Das sollten Sie sinnvollerweise mit Menschen tun, die Ihnen nahestehen, also weniger mit Ihrem Chef im Büro. Denn wenn Sie diesen fragen: „Ist meine Vermutung richtig, dass Sie gerade über mich verärgert sind, denn ich deute Ihre verschränkten Arme und Ihren zurückgelegten Oberkörper dahin?", dann ist das wahrscheinlich gerade nicht produktiv. Doch wenn Sie Ihre Frau oder Ihre Kinder oder auch Kollegen, die Sie gut kennen, fragen: „Ich habe gerade bei dir beobachtet, dass du auf dem Stuhl zurückgerutscht bist. Bedeutet das, dass das Gespräch für dich beendet ist?", dann werden Sie erstaunliche Sachen erleben. Sie werden erleben, dass das, was Sie intuitiv spüren, in vielen Fällen stimmt. Sie werden erleben, dass Ihre Kollegen ganz erstaunt sind und sagen „Wow, wie hast du das jetzt herausbekommen?" Und Sie werden es möglicherweise auch erleben, wenn Sie es übertreiben, dass Sie von Ihrer Familie zu hören bekommen: „Jetzt hör doch mal auf mit dem Psycho-Mist!" Eins verspreche ich Ihnen auf jeden Fall: Sie werden jede Menge Spaß mit Körpersprache haben, wenn Sie diese Übung machen. Tragen Sie es am besten in Ihren Terminkalender oben ein, damit Sie daran denken – „Körpersprache bei anderen beobachten". Hier sehen Sie, wie Lernen funktioniert. Wir hatten am Anfang darüber gesprochen. Machen Sie sich zuerst bei anderen bewusst, was die Körpersprache bedeutet. Dann fangen Sie an, das für Ihre eigene Körpersprache umzusetzen; am besten in einem Workshop.

DISTANZZONEN UND GEMÜTSZUSTÄNDE

Zur Körpersprache gehören nicht nur die körpersprachlichen Aussagen, sondern beispielsweise auch die berühmten Distanzzonen. Sie kennen das: In einem deutschen Aufzug darf weder gesprochen, gelacht noch gegrüßt werden und der Blick ist strikt auf den Fußboden zu richten. Und jetzt betreten Sie einen Aufzug, in dem sich schon zwei, drei Menschen befinden, und sagen „Guten Tag". Der Blick, den Sie ernten, dürfte ungefähr der Blick sein, mit dem normalerweise Serienmörder bedacht werden. Dann das macht man nicht in einem deutschen Aufzug. Warum? Wegen der Distanzzonen! Überall um uns herum haben wir solche Zonen. Wir können sie nicht sehen, aber spüren. Diese Distanzzonen haben etwas mit dem Vertrauen zu tun, das wir anderen Menschen entgegenbringen.

Zunächst gibt es unsere intime Distanzzone. Diese ist ungefähr 50 cm um uns herum. Hier hinein lassen wir nur Menschen, denen wir wirklich vertrauen, also in der Regel Familienmitglieder oder den Partner.

Dann gibt es die persönliche Distanzzone. Und diese Distanzzone können Sie einmal austesten. Stehen Sie auf und strecken Sie die Arme aus. Jetzt drehen Sie sich im Kreis. Passen Sie auf, dass Sie nichts umwerfen. Dieser Kreis, den Sie jetzt bilden, ist Ihre persönliche Distanzzone, die bis zu drei Meter betragen kann. In diese Zone lassen Sie die Menschen hinein, die Sie kennen. Die müssen Ihnen nicht unbedingt vertraut sein, es ist ausreichend, dass Sie sie kennen. Treten Menschen, die Sie nicht kennen, in Ihre persönliche Distanzzone ein, haben Sie schon ein ungutes Gefühl.

Denken wir noch einmal an die Situation im Aufzug: Jetzt haben wir die Erklärung: Im Aufzug kommen Sie nicht umhin, Menschen, die Sie nicht kennen und denen Sie schon gar nicht vertrauen, in Ihre intime Distanzzone zu lassen.

Das macht Sie unsicher; Sie fühlen sich unwohl. Diese Menschen sind Ihnen so nah, dass sie Sie verletzen könnten. Deshalb versuchen wir, diese unangenehme Situation zu vermeiden, indem wir in einem Aufzug den Blick streng nach unten richten und bloß keinen Blickkontakt halten. Denn der andere könnte sich dadurch provoziert fühlen.

Es gibt dazu im Übrigen ein schönes Beispiel: Vorhin haben Sie gelesen, dass Körpersprache abhängig von der Region ist. Dieses Beispiel ist eine Geschichte aus Argentinien. In einem Polo Club war die eine Hälfte der Mitglieder Argentinier – also Südländer, mit viel Körpersprache und viel größerer Akzeptanz, wenn jemand in ihre Distanzzone eintritt. Sie können das sehr gut bei auch bei Italienern beobachten, die sich umarmen und zur Begrüßung küssen, was in Deutschland eher unüblich ist. Die andere Hälfte dieser Mitglieder waren Deutsche, die dort gearbeitet haben. Der Polo Club hatte eine Veranda mit einer Brüstung, die ungefähr 70 cm hoch war. Regelmäßig sind Deutsche rückwärts über die Brüstung gefallen. Wissen Sie, warum? Der Argentinier, der sich mit dem Deutschen unterhalten hat, wollte ihm näher kommen, weil es in seiner Kommunikation dazugehört. Seine Distanzzone ist kleiner als die des Deutschen. Was macht also der Deutsche mit seiner Distanzzone? Er geht einen Schritt zurück, und zwar so lange, bis er mit dem Rücken an der Brüstung steht. Der Argentinier macht einen weiteren Schritt auf ihn zu und der Deutsche geht einen weiteren Schritt zurück … Die einzige Lösung, die es gab, war, das Geländer höher zu bauen. Denn Körpersprache ist so tief in uns verankert, dass wir auch dann unwillkürlich einen Schritt zurückgehen, wenn unser Verstand längst weiß, dass der Argentinier uns weder umbringen noch küssen, sondern lediglich mit uns reden will.

SOUVERÄNITÄT UND SELBSTBEWUSSTSEIN

Ihr Selbstbewusstsein hat auch etwas damit zu tun, wie Sie sich selbst sehen. Ihre eigenen Stärken – Ihre eigenen Schwächen. Und in diesem Kapitel habe ich Übungen für Sie, die sich mit dem Thema „Selbstbewusstsein" beschäftigen. Mit diesen Übungen werden Sie über Ihre Schokoladenseiten nachdenken. Ich werde Ihnen zeigen, wie Sie Ihren inneren „Biocomputer", wie ich ihn nenne, so programmieren können, dass Sie immer souverän und selbstbewusst rüberkommen. Sie werden die Gelegenheit haben, ein Wunschposter zu erstellen. Ich werde Ihnen Werkzeuge / Elemente an die Hand geben, mit denen Sie in jeder Situation selbstbewusst wirken, mit denen Sie Selbstbewusstsein aufbauen können und natürlich zeige ich Ihnen auch, was Sie tun können, wenn Sie einen Blackout haben, oder wie Sie Ihrem Lampenfieber begegnen können. Lassen Sie uns loslegen für mehr Selbstbewusstsein – für einen starken ersten Eindruck!

Kennen Sie das? Sie kommen nach Hause und haben so eine richtig schlechte Laune? Ist Ihnen bestimmt schon passiert. Ich habe eine Übung für Sie, mit der Sie innerhalb von zwei bis drei Minuten Ihre Stimmung verändern können. Und die Übung ist so einfach, dass Sie es nur dann glauben, wenn Sie es wirklich ausprobieren. Es ist der perfekte Beweis, wie Ihre Körpersprache auf Ihre eigene Stimmung wirkt: Gehen Sie ins Badezimmer, schauen Sie sich in die Augen und setzen Sie das breiteste Grinsen auf, das Sie überhaupt haben können. Das sieht total affig aus. Und Sie werden über sich selber lachen müssen. Genau darum geht es hier – dass Sie über sich selber lachen. Auch wenn – oder besser: gerade weil – Sie schlechte Laune haben. Und ich verspreche Ihnen eins: Nach zwei bis drei Minuten geht es Ihnen besser. Ich bin mir sicher, wir könnten die Scheidungsraten auf der ganzen Welt, um einen dramatischen Prozentsatz senken, würden wir alle uns erst einmal zwei bis drei Minuten im Rückspiegel / im Autospiegel angrinsen, wenn wir abends mit dem Auto nach Hause kommen. Probieren Sie es aus. Es funktioniert wirklich!

Okay, haben Sie gegrinst? Sind Sie in einer guten Stimmung? Dann ist das jetzt der richtige Zeitpunkt, dass Sie darüber nachdenken, was Sie einzigartig macht. Hier geht es jetzt nur um Sie. Die Frage ist nicht, was macht Sie einzigartig aus der Sicht des Kunden. Darauf kommen wir später zu sprechen. Entscheidend ist jetzt, wie Sie sich selbst sehen? Was sind Ihre Schokoladenseiten?

Übung:

Nehmen Sie bitte ein DIN-A4-Blatt Papier. In der Mitte, von oben nach unten, ziehen Sie einen senkrechten Strich. Oben auf die Seite machen Sie links ein Plus- und rechts ein Minuszeichen. In der linken Spalte tragen Sie Ihre Stärken ein, in der rechten Spalte Ihre Schwächen. Und jetzt nehmen Sie sich so viel Zeit, wie Sie brauchen, um auf der Plusseite Ihre sämtlichen Stärken aufzuschreiben, die Ihnen einfallen. Fällt Ihnen anfangs wenig ein, denken Sie darüber nach, was andere Menschen im Laufe Ihres Lebens und wahrscheinlich auch in der letzten Zeit Positives über Sie gesagt haben. Was haben Sie getan, was diese Menschen toll fanden? Genauso verfahren Sie mit Ihren Schwächen auf der anderen Seite. Schreiben Sie alles auf, von dem Sie denken, das können Sie noch nicht so gut, daran könnten Sie noch arbeiten. Das ist vollkommen normal. Alle Menschen haben Stärken und Schwächen. Machen Sie das bitte jetzt und wenn Sie die Liste fertig haben, dann lesen Sie erst weiter.

Okay, Sie haben Ihre Liste mit den Stärken und Schwächen vor sich. Es gibt unterschiedliche Einstellungen zu den Schwächen. Ich habe eine ganz klare hierzu: Vergessen Sie Ihre Schwächen! Ich bin davon überzeugt, dass es nur darum geht, Ihre Stärken auszubauen und nicht, Ihre Schwächen auszugleichen. Die Schwächen? Vergessen Sie sie! Arbeiten Sie an Ihren Stärken! Das bringt Sie nach vorne! Das gibt Ihnen einen starken ersten Eindruck. Und deswegen nehmen Sie jetzt Ihr Blatt Papier und falten es dort, wo Sie die Linie gezogen haben, ein paar Mal vor und zurück, Und jetzt reißen Sie das Papier an dieser Stelle durch.

Sie können natürlich auch eine Schere nehmen, um es durchzuschneiden. Jetzt haben Sie eine Hälfte mit Ihren Stärken und eine Hälfte mit Ihren Schwächen. Die Hälfte mit den Schwächen zerreißen Sie jetzt in lauter kleine Papierfetzen und spülen sie das Klo runter oder werfen sie vom Balkon. Denn das machen Sie mit Ihren Schwächen – vergessen Sie Ihre Schwächen schlicht und einfach und konzentrieren Sie sich auf Ihre Stärken.

Dafür habe ich bereits die nächste Übung vorbereitet. Ich nenne diese Übung „Ballonübung".

Stellen Sie sich vor, Sie befinden sich mit vier weiteren Personen in einem Heißluftballon. Sie sind auf einer Eisscholle gelandet, weil Ihr Ballon zu schwer geworden ist. Ihnen ist eines klar: Der Ballon kann nur wieder aufsteigen, indem Sie Gewicht reduzieren. Und Ihnen ist auch klar, Sie müssen Gewicht reduzieren, denn irgendwann – und das ist vermutlich gar nicht so lange hin – schmilzt diese Eisscholle. Sie werfen deshalb alle entbehrlichen Gegenstände, allen Ballast, alle Sandsäcke über Bord, doch der Ballon hebt immer noch nicht ab. Und Ihnen wird bewusst: Zwei von Ihnen werden zurückbleiben müssen. Denn nur dann ist der Ballon leicht genug zum Abheben. Die Frage ist natürlich: Wer sind die zwei, die zurückbleiben? Oder andersherum gefragt: Wer fliegt mit? Wer darf nach Hause fliegen? Das ist Ihre Herausforderung. Überlegen Sie, warum ausgerechnet Sie in dem Ballon bleiben und nach Hause fliegen sollten. Schreiben Sie Ihre Argumente jetzt bitte auf. Nehmen Sie sich wirklich Zeit dafür – dann lesen Sie erst weiter.

Können Sie erkennen, dass Sie mit diesen Argumenten, Ihre Stärken, die Sie vorher aufgeschrieben haben, nochmals ganz deutlich hervorgehoben haben? Möglicherweise sind jetzt sogar Punkte aufgetaucht, die bisher nicht auf Ihrer Stärkenliste standen. Diese können Sie jetzt dieser Liste hinzufügen. Es ist übrigens völlig in Ordnung, wenn Ihre Stärkenliste mehrseitig wird. Sie können so viele Stärken haben wie Sie wollen, denn hier geht es um Ihre Schokoladenseiten.

Warum sage ich Ihnen, dass Sie Ihre Stärken fördern und Ihre Schwächen ignorieren sollen? Nun, weil wir innerlich so funktionieren, dass wir uns nur positiv oder negativ programmieren können. Beides gleichzeitig funktioniert nicht. Wir können entweder über eine Lösung oder über ein Problem nachdenken. Wichtig ist auch zu verstehen, dass unser Unbewusstes – der untere, unsichtbare Teil des Eisbergs, der mehr als 90 % ausmacht – der stärkste Computer der Welt ist. Ich nenne es immer den „Biocomputer". Denn das, womit wir unser Unbewusstes füttern, ist das, was unser Unbewusstes produziert. Bedauerlicherweise versteht unser Unbewusstes die Worte „nein" und „nicht" und „kein" nicht. Unser Unbewusstes kann nur positive Formulierungen interpretieren. Das ist auch der Grund, weswegen Ihr Unbewusstes hört „Ich möchte rauchen", wenn Sie ihm sagen: „Ich möchte nicht mehr rauchen". Ihr Unbewusstes ignoriert das Wort „nicht". Sie glauben mir nicht? Dann denken Sie jetzt nicht an einen rosa Elefanten. Was haben Sie vor Ihrem Auge gesehen? Einen rosa Elefanten. Damit Sie nicht an einen rosa Elefanten denken können, müssen Sie zunächst den rosa Elefanten vor Ihrem Auge sehen. Mit anderen Worten: Sie kommunizieren Ihrem Unbewussten durch negative Aussagen genau das Gegenteil von dem, was Sie wollen. Es funktioniert sogar noch besser. Denken Sie jetzt an eine saftige, gelbe Zitrone. Spüren Sie, wie Ihnen das Wasser im Mund zusammenläuft? Obwohl Sie nur an die Zitrone denken? So einfach ist die Programmierung unseres Unbewussten. Denn unser Unbewusstes tut das, was wir ihm sagen.

Und deshalb habe ich hier auch gleich die nächste Übung für Sie, die etwas lustig und verrückt ist. Eine Übung, bei der Sie am Anfang vielleicht denken: „Oh nein, das brauche ich nicht. Das ist doch kindisch! Das habe ich schon seit Schulzeiten / seit dem Kindergarten nicht mehr gemacht."

Kaufen Sie sich Magazine und Zeitschriften von den Dingen, die Sie im Leben interessieren. Das können Auto-, Häuser- oder Familienmagazine sein, all das, was Sie im Leben erreichen wollen. Denn wenn unser Unbewusstes dafür zuständig ist, die Dinge zu erreichen, die wir in unserem Leben haben wollen, dann sind das die Dinge, die unser Selbstbewusstsein stärken, wenn wir sie erreicht haben. Und damit wir sie erreichen können, ist es wichtig, dass Sie sie Ihrem Unbewussten zeigen. Also kaufen Sie sich Magazine von den Dingen, die Sie haben wollen. Dann nehmen Sie sich ein großes weißes Blatt Papier, Schere und Klebstoff – und anderthalb Stunden Zeit. Schneiden Sie die Bilder aus, wie früher im Kindergarten oder in der Schule, wenn Sie eine Collage gemacht haben. Erstellen Sie sich ein Wunschposter.

Machen Sie sich ein Poster von dem, was Sie im Leben erreichen wollen. Das müssen nicht nur materielle Dinge sein. Wenn Sie danach streben, ein glückliches Familienleben zu führen, dann schneiden Sie das Bild einer glücklichen Familie aus. Sie werden feststellen, dass Sie mit diesem Wunschposter Ihr Selbstbewusstsein stärken, weil es Ihnen zeigt, wohin Sie wollen. Es gibt Ihnen den Grund, weswegen es wert ist, Ihr Selbstbewusstsein zu steigern und an Ihrem ersten Eindruck zu arbeiten. Denn Sie sind einzigartig und Sie haben Dinge, die Sie einzigartig machen. Und bevor Sie darüber nachdenken, was Sie gegenüber anderen einzigartig macht, ist es wichtig, dass Sie sich selbst darüber klar werden, welches Ihre Schokoladenseiten sind.

Hängen Sie Ihr Wunschposter am besten an einen Ort, wo Sie es möglichst oft sehen.

IN JEDER SITUATION SELBSTBEWUSST

Sie verstehen, wie Sie Ihr Unbewusstes selbst beeinflussen können. Sie verstehen, welche Macht das Unbewusste hat. Und sie verstehen jetzt, wie wichtig es ist, dass Sie sich über Ihre Stärken im Klaren sind. Das ist die Kraft, die von innen kommt und Ihnen Selbstvertrauen gibt. Natürlich gibt es auch Methoden, mit denen Sie das Vertrauen stärken können. Ich gebe Ihnen ein paar Tipps dazu.

Der erste Tipp ist natürlich: ein gepflegtes, angepasstes Äußeres. Wenn Sie der einzige Jeansträger auf einer Party mit Anzugträgern sind, fühlen Sie sich unwohl. Wenn Sie der einzige Anzugträger auf einer Party mit Jeansträgern sind, fühlen Sie sich unter Umständen auch unwohl. Deshalb schreibe ich „angepasstes Äußeres". Sie sollten sich so anziehen, wie Sie auf andere wirken wollen. Hinzu kommt: Wenn Sie Gespräche führen, ist es wichtig, dass Sie stabil stehen. Stehen Sie nur auf einem Bein, stehen Sie sehr wackelig. Nicht nur, dass sie nervös auf andere wirken, Sie beeinflussen auch sich selbst, d. h., Sie sind auch innerlich wackelig.

Blickkontakt ist wichtig. Indem Sie Blickkontakt mit anderen aufnehmen, signalisieren Sie Selbstbewusstsein. Über das Feedback, das Sie dadurch bekommen, spiegelt sich Ihr Selbstbewusstsein auch von anderen wider.

Wir haben bereits gesehen, was mit Ihnen passiert ist, als Sie sich im Spiegel angelächelt haben. Das nenne ich eine Feedbackschleife. Indem Sie eine gewisse Körperhaltung einnehmen, beeinflussen Sie Ihre Gefühle und Ihre Stimmung. Also: Kinn hoch, aufrecht stehen! Es ist unmöglich, deprimiert zu sein, wenn Sie mit offenen Armen, erhobenem Kinn und breitem Grinsen dastehen. Andersherum ist es auch unmöglich, dass es Ihnen gut geht, wenn Sie dasitzen wie ein Häufchen Elend. Und eine der billigsten Drogen der Welt ist das Lächeln. Lächeln Sie sich selbst an und es geht Ihnen besser.

Zeigen Sie Ihre Hände. Aus grauer Vorzeit wissen wir noch, dass jemand etwas zu verbergen hat, wenn wir die Hand des anderen nicht sehen. Warum glauben Sie, ist es im wilden Westen wichtig gewesen, dass beim Pokerspiel beide Hände auf dem Tisch waren? Nicht nur, damit niemand Karten unter dem Tisch hin- und herschieben konnte, sondern auch damit der Verlierer nicht ungesehen zum Revolver statt zur nächsten Karte greifen konnte. Dieser Mechanismus funktioniert heute noch: Indem Sie Ihre Hände zeigen – also diese weder in den Hosentaschen haben noch hinter dem Rücken verstecken –, werden die anderen es Ihnen gleichtun. Sie geben sich gegenseitig Vertrauen und das wiederum stärkt das Selbstbewusstsein.

Atmen Sie. Atmen Sie tief in den Bauch. Ich weiß, das hier ist kein Meditations-workshop. Probieren Sie es trotzdem ruhig aus.

Und sprechen Sie langsam. Langsames Sprechen zeigt Ihrem Gegenüber, dass Sie souverän und selbstbewusst sind. Außerdem gibt es Ihnen innere Ruhe. Das ist das Schöne dabei. Maßnahmen, die anderen zeigen, dass Sie sicher sind, geben auch Ihnen ein positives Feedback.

Ein großartiges Hilfsmittel ist auch die eigene Vorstellung. Mit der eigenen Vor-stellung können Sie viel Selbstvertrauen aufbauen, weil diese dafür sorgt, dass die anderen Menschen Ihnen positive, starke Gefühle entgegenbringen. Die meisten Menschen lassen bedauerlicherweise die Möglichkeit einer starken Selbstvor-stellung komplett außer Acht und nutzen das übliche Schema. Das klingt dann ungefähr so: „Äh, guten Tag, also mein Name ist Alexander Plath und … ach ja, übrigens, geboren bin ich auch schon." Nicht wirklich das, was Sie unter einer starken Selbstvorstellung verstehen. Hier fängt es schon mit dem Selbstvertrauen an. Ich gebe Ihnen Tipps, mit denen Sie Ihr Selbstvertrauen steigern können. Sie könnten die Gorilla-Methode verwenden. Sie wissen schon: Kräftig auf die Brust trommeln. So zeigt ein Gorilla den anderen, wer hier der Chef ist. Das lässt sich nicht wirklich anwenden unter uns Menschen.

Eine sanftere Version ist, dass Sie sich nicht mit „Mein Name ist …", sondern mit „Ich bin …" vorstellen. „Mein Name ist" wirkt sehr viel schwächer als „Ich bin". Wenn Sie also sagen „Ich bin Alexander Plath und …", klingt das gleich viel souveräner als „Ich heiße Alexander Plath" oder „Mein Name ist Alexander Plath". Das ist fast schon eine Entschuldigung. Als täte es Ihnen leid, dass Ihre Eltern Sie so genannt haben. Und was nach „und" kommt, schauen wir uns in dem Kapitel „Elevator pitch" später an. Denn das ist dann Ihre Kurzvorstellung. Für heute merken Sie sich bitte erst einmal „Mein Name ist …" aus Ihrem Wortschatz zu entfernen und in Zukunft nur noch „Ich bin …" zu sagen.

Damit Sie sich das besser einprägen können, schreiben Sie sich bitte ein Karteikärtchen, auf das Sie schreiben „Ich bin …" Stellen Sie dieses Karteikärtchen neben oder am besten vor Ihr Telefon, sodass Sie jedes Mal, wenn Sie den Telefonhörer abheben, dieses Karteikärtchen sehen. Sie werden automatisch merken, dass es Ihnen einfacher fällt, sich mit „Ich bin …" zu melden als mit „Ich heiße …" oder „Mein Name ist …". Denn das ist eine Gewohnheit. Und damit wir Gewohnheiten verändern, heißt es am Anfang, daran zu arbeiten. Später wird es zu einem Automatismus und nach ein paar Tagen brauchen Sie das Kärtchen vermutlich gar nicht mehr.

Sie arbeiten jetzt bereits auf zwei Ebenen an Ihrem Selbstbewusstsein. Einerseits auf der Ebene des Unbewussten – deshalb haben Sie die Stärken-Schwächen- und die Ballonübungen gemacht, mit denen Sie Ihren Biocomputer programmiert haben –, andererseits auf der Ebene des Bewusstseins, um schnellere Resultate zu bekommen, natürlich mit Methoden, mit denen Sie Schritt für Schritt Ihr Selbstbewusstsein aufbauen können, wie beispielsweise „Ich bin …" zu sagen. Dennoch wird es Situationen geben, in denen Sie Lampenfieber oder Nervosität empfinden oder vielleicht sogar mal einen Blackout haben. Das ist vollkommen okay und normal. Lampenfieber gibt es übrigens nicht nur auf der Bühne oder bei Präsentationen, sondern auch beim Date mit der Traumfrau / dem Traummann oder im Job. Lampenfieber gibt es in vielen Situationen. Das ist vollkommen okay, denn solange Sie leben, haben Sie Gefühle, und solange Sie Gefühle haben, bekommen Sie natürlich auch Lampenfieber. Es kann auch passieren, dass Sie schweißnasse Hände bekommen haben und jemanden begrüßen müssen. Das ist sehr unangenehm. Ich verrate Ihnen einen kleinen Trick: Wenn Sie vermeiden möchten, dass Sie verschwitzte Hände haben, während Sie jemanden begrüßen, gehen Sie vorher ins Badezimmer oder auf die Toilette und lassen Sie ein, zwei Minuten warmes Wasser über Ihre Handfläche laufen. Wenn Sie dann die Hände abtrocknen, haben Sie für einige Minuten Ruhe. Ihre Hände werden nicht mehr schwitzen, weil Sie die Haut aufgewärmt haben. Zum Lampenfieber kann ich prinzipiell das sagen: Wer lebt, hat Lampenfieber. Lampenfieber ist ein Freund, kein Feind. Die Frage, die Sie sich beim Lampenfieber oft stellen, ist: „Warum habe ich Lampenfieber?" Das ist eine berechtigte Frage. Es geht darum, den Angstgegner zu kennen, denn dann können Sie ihn ausschalten. Dann können Sie sich bewusst machen, warum Sie nervös sind. Das Lampenfieber wird automatisch weniger werden, wenn Sie sich selbst bejahen, wenn Sie an Ihre Stärken denken, positive Bilder vor den Augen haben. Denken Sie ans Lächeln, an positive Mimik. Im Übrigen: Wenn Sie glauben, Sie stehen mit schlotternden Knien da, merken es die meisten Menschen noch nicht einmal. Ein gutes Hilfsmittel ist Begeisterung. Wenn Sie begeistert sind, dann wird das Lampenfieber in positive Energie umgewandelt. Ein Leitspruch von mir ist: „In dir muss brennen, was du entzünden willst!" Wenn Sie also andere begeistern wollen, müssen Sie zuerst selbst begeistert sein.

Sie wissen jetzt, dass Sie langsam und deutlich sprechen und kleine Pausen einlegen sollten. Wir haben uns bei der positiven Sprache bereits die Liste der Negativworte angesehen, die Sie entsorgen und durch positive Worte ersetzen können. Jetzt haben Sie automatisch auch einen Weg zu mehr Selbstbewusstsein. Und natürlich üben, üben, üben. Sie kennen die Situationen, in denen Sie nervös sind. Üben Sie diese vorher und probieren Sie aus, was Ihnen hilft. Testen Sie z. B. bei einem Vortrag, ob Ihre Technik funktioniert. Sorgen Sie dafür, dass alle Handys aus sind, damit Sie nicht dadurch gestört werden. Ich zeige Ihnen gleich noch beim Thema „Präsentationen und Reden" Methoden, die Ihnen helfen einen besseren Auftritt zu haben. Das spielt ineinander. Die Vorbereitung sorgt dafür, dass Sie ein gutes Gefühl haben. Das gute Gefühl lässt Sie selbstbewusst auftreten. Und wenn Sie vor einer Gruppe reden wollen und wirklich nervös sind, habe ich noch einen Trick für Sie, der von Bismarck stammt: Bismarck hatte Lampenfieber und er musste oft reden. Also hat er Folgendes getan: Er hat sich einfach vorgestellt, dass alle seine Zuhörer keine Köpfe, sondern Kohlköpfe haben. Dadurch sind sie viel weniger wichtig gewesen und mit diesem inneren Lachen ist es ihm leichtgefallen, sein Lampenfieber in den Griff zu bekommen.

Und abschließend: Was Ihnen immer hilft, wenn Sie nervös sind, ist Bewegung. Bewegung entspannt ihren Körper und lässt die Nervosität weichen. Und kräftiges Gähnen! Wenn Sie gegähnt haben, geht es Ihnen viel besser als vorher. Das können Sie bei Hunden gut beobachten. Wenn Hunde nervös sind, dann gähnen sie richtig, sie strecken sich und laufen ein paar Schritte. Diese Mechanismen funktionieren für uns Menschen genauso gut.

Ich fasse für Sie noch einmal zusammen:

Souveränität und Selbstbewusstsein hängen viel von Ihren Stärken und Schwächen ab. Diese haben Sie sich jetzt aufgeschrieben. Die Schwächen haben Sie zerrissen und weggeworfen. Sie sind jetzt vorbereitet. Wenn Sie wirklich einmal mit dem Ballon auf der Eisscholle landen, wissen Sie jetzt genau, warum Sie nach Hause fliegen. Sie haben Ihr Wunschposter. Und dieses Wunschposter ist kein Poster, das Sie nur einmal erstellen. Sondern es ist ein Poster, das Sie immer wieder verändern und neu gestalten können mit allem, was Ihnen im Leben in den Sinn kommt, was Ihnen positive Gefühle gibt. Dieses Poster wird Ihnen positives Feedback geben.

Sie haben handfeste Mittel bekommen, wie Sie mehr Selbstbewusstsein, mehr Souveränität aufbauen. Sie wissen jetzt, dass das Lampenfieber nicht Ihr Feind, sondern Ihr Freund ist.

PRÄSENTATIONEN UND REDEN

Dieses Kapitel trägt den Titel „Präsentationen und Reden", das schließt natürlich jede Form von Präsentationen im privaten oder beruflichen Bereich sowie Vorträge ein.

In diesem Kapitel lernen Sie, wie Sie einen souveränen Auftritt hinlegen. Ich zeige Ihnen, warum ein Stichwortzettel eine wichtige und gute Hilfe ist; worauf es beim Start und dem Ende einer Präsentation ankommt und ich gebe Ihnen auch meine Flop Five der schlechtesten Einstiege in eine Präsentation. Es wird also auch lustig.

Interessant ist, dass die meisten Menschen Präsentationen ähnlich scheuen wie der Teufel das Weihwasser. Doch für einen starken ersten Eindruck ist es wichtig, dass Sie sich selbst, Ihr Unternehmen und Ihre Ideen gut präsentieren können. Fünf Minuten vor dem richtigen Publikum sind mehr wert als ein ganzes Jahr Arbeit. Über Selbstsicherheit und Souveränität haben wir im letzten Kapitel gesprochen. Hier habe ich noch ein paar Dinge, die ganz speziell auch für Präsentationen funktionieren: Stellen Sie sich vor, Sie sollen eine Präsentation halten. Ihre Zuschauer sitzen bereits im Raum, vielleicht hat ein Redner vorher schon gesprochen und jetzt warten alle auf Sie. Eine Situation, die möglicherweise Lampenfieber in Ihnen auslöst. Begeisterung und Lampenfieber – wissen Sie jetzt – hängen eng miteinander zusammen. Und diese Begeisterung wird es jetzt sein, die die Menschen, die vor Ihnen sitzen und nur Ihretwegen da sind, in ihren Bann zieht. Gehen Sie zu der Position, von der aus Sie sprechen wollen und bereits während Sie auf diese Position zu laufen, strecken Sie sich. Kinn raus und einen entschlossenen Schritt. Bereits hier zeigt sich Ihren Zuhörern, dass Sie wissen, worüber Sie reden, dass Sie sich darauf freuen, den Vortrag jetzt zu halten. Dann nehmen Sie Blickkontakt mit dem Publikum auf, machen Sie eine kurze Pause und sagen Sie zwei Sekunden nichts. Lassen Sie Ihren Blick über Ihre Zuschauer wandern – von einer Ecke langsam in die andere. Dadurch bekommen Ihre Zuschauer das Gefühl, dass Sie sie persönlich anschauen. Und dann legen

Sie los. Es ist wichtig, dass Sie den Anfang Ihrer Präsentation und das Ende Ihrer Präsentation auswendig gelernt haben. Halten Sie bitte immer den Blick beim Publikum, wenn Sie sprechen, denn der Blickkontakt ist ein wichtiges Element der Kommunikation. Zeigen Sie Ihre Hände. Halten Sie Ihre Handflächen in den sogenannten positiven Positionen, also oberhalb Ihrer Gürtellinie mit sichtbaren Handflächen.

Und denken Sie bitte wieder an die Atmung. Also nicht nur, dass Sie in den Bauch atmen, sondern dass Sie überhaupt atmen, denn wenn Sie nicht atmen, werden Sie Sterne sehen und in den meisten Fällen, wenn Sie anfangen Sterne zu sehen, ist es vermutlich kein Blitzlichtgewitter der Fotografen, sondern Sauerstoffmangel. Deshalb sprechen Sie langsam. Sprechen Sie auch deshalb langsam: Sie wissen, was Sie sagen wollen. Doch Ihr Publikum weiß es noch nicht. Das Publikum braucht Ihre Pausen, damit es nicht nur hören, sondern vor allem auch verstehen kann, was Sie sagen. Mein Tipp für Sie: Sprechen Sie am Anfang einer Präsentation eher lauter. Das assoziieren die meisten Menschen mit Kompetenz. Und denken Sie an Ihre Leidenschaft. Die Begeisterung ist ein entscheidender Punkt, um Ihr Selbstbewusstsein aufzubauen und auch Ihre Zuhörer anzustecken. Viele Redner sprechen an einem Rednerpult. Schieben Sie es zur Seite oder lassen Sie es erst gar nicht auf die Bühne stellen. Ein Rednerpult ist aus meiner Sicht nur dafür da, dass sich Redner dahinter verstecken können. Und wollen Sie sich verstecken?

Der Stichwortzettel ist ein Hilfsmittel, das nicht nur, hilft Ihre Nervosität in den Griff zu bekommen, sondern auch zeigt, dass Sie sich vorbereitet haben und Ihnen Ihre Zuhörer wichtig sind. Und er hat noch mehr positive Effekte. Mit „Stichwortzettel" meine ich idealerweise eine Karteikarte in der Größe DIN A6, das ist die Postkartengröße. Warum Karteikarte? Warum nicht Papier? Wenn Sie ein Papier in der Hand halten und Sie sind nervös und die Finger zittern, dann werden Sie feststellen, dass das Papier von der Größe her die Nervosität verstärkt. Bei einem Stichwortzettel, der ungefähr die Größe Ihrer Handfläche hat, passiert das nicht. Sie strahlen Sicherheit aus. Natürlich ist der Stichwortzettel auch ein Spickzettel. Er hat auch denselben Effekt. Wenn Sie einen Stichwortzettel geschrieben haben, brauchen Sie ihn meistens gar nicht mehr. Denn durch das Aufschreiben haben Sie das, was Sie sagen wollen in Ihrem Unbewussten bereits programmiert. Es hilft Ihnen, die Zeiten einzuhalten. Und haben Sie den Faden verloren, z. B. nach einem Zwischenruf, können Sie mit dem Stichwortzettel schnell an der Stelle weitermachen, an der Sie gestoppt haben. Und er hat noch einen weiteren Vorteil: Sie nehmen der Präsentation bzw. Ihrer Rede die Perfektion weg. Der Stichwortzettel gibt Ihnen etwas Verletzliches und das ist gut. Perfektion weckt Aggression. Das haben Sie bestimmt schon erlebt: Perfekte Sprecher – und Sie fragen sich: „Da muss doch irgendwo ein Haken sein?" Und Sie möchten doch nicht, dass Ihre Zuhörer darüber nachdenken, wo Ihre Schwachstelle ist, sondern lieber über das, was Sie zu sagen haben. Außerdem haben Sie die Hände automatisch in der positiven Position, wenn Sie einen Stichwortzettel zur Hand haben. Manche benutzen für diesen Zweck auch einen Stift. Ein Stift hat für mich einen Nachteil: Wenn Sie einen Stift, halten, um sich daran festzuhalten, und der Stift ist zudem ein Kugelschreiber, dann fangen Sie oftmals an, „klick-klack" zu machen, ohne es zu merken. Oder noch besser – und glauben Sie mir, ich weiß, wovon ich rede, ich habe es auch schon gemacht –, Sie haben einen Flipchart-Stift in der Hand, mit offener Kappe, und Sie halten sich mit beiden Händen daran fest. Jetzt können Sie beobachten, wie Ihre Zuschauer mitzählen, wie oft Sie sich einen Strich auf die Hand malen. Deshalb: Nehmen Sie einen Stichwortzettel und Sie haben garantiert die Hände dort, wo Sie sie haben wollen.

Der Start Ihrer Rede und das Ende, habe ich gesagt, sollten auswendig gelernt werden. Warum? Mark Twain hat gesagt: „Eine gute Rede hat einen starken Start, ein starkes Ende und möglichst wenig dazwischen." Und der musste es wissen, denn er zählte zu den größten Rhetorikern, die wir überhaupt erleben durften. Warum ist es so? Ihre Zuschauer und Zuhörer werden sich vor allem auf den Anfang und das Ende von dem, was Sie zu sagen haben, konzentrieren. Deshalb ist es wichtig, dass Sie, wie in der Formel 1, einen starken Start hinlegen. Wenn Sie in der Poleposition starten, haben Sie das Rennen in vielen Fällen schon gewonnen. Und so ist es bei Vorträgen auch. Der Start, den die meisten Redner hinlegen und der bei mir unwillkürlich einen Gähnreflex auslöst, beinhaltet alles, was sachlich, trocken, fachlich orientiert ist. Natürlich, Sie wollen seriös sein, informieren und unterhalten! Und deshalb werfen Sie Ihren Zuhörern erst einmal ein paar Zahlen, Daten und Fakten um die Ohren, dann können Sie sich nämlich besser auf die fünf Zuhörer konzentrieren, die im Raum geblieben sind! Der Rest ist dann nämlich in die Kaffeepause verschwunden – und wird dort vermutlich auch bleiben. Ganz im Ernst: Sie möchten Menschen faszinieren und begeistern, nicht vergraulen. Und deshalb ist ein guter Start Ihrer Rede ein Spruch, ein Zitat, eine Geschichte, auch ein Schwank aus Ihrem Leben – nichts macht Sie sympathischer, als auch einmal über sich selbst lächeln oder sogar lauthals lachen zu können – greifen Sie ein aktuelles Ereignis auf oder etwas, was ein Vorredner gesagt hat (das geht natürlich nur, wenn es einen Vorredner gab). Hauen Sie Ihrem Publikum eine Frage um die Ohren, gerne auch eine rhetorische. Wissen Sie auch, warum? Fragen regen zum Mitdenken an und wecken Schläfer auf. Denn jemand, der gerade ein bisschen vor sich hin döst und die Frage hört, der wird wach. Es könnte ja sein, dass Sie gerade von ihm eine Antwort wollen. Nehmen Sie sich ein Hilfsmittel mit, ein Demonstrationsobjekt. Ein Bild sagt mehr als tausend Worte. Zum Beispiel die Zeitung von heute, wenn Sie auf ein aktuelles Ereignis hinweisen wollen. Humor ist immer ein guter Einstieg. Sie können auch einen Witz reißen, solange Sie nicht der Einzige sind, der regelmäßig über Ihre Witze lacht. Richtig klasse ist eine Provokation. Nur sollten Sie dann ein bisschen mehr Selbstvertrauen mitbringen, damit der Schuss nicht nach hinten losgeht.

So, damit wir auch ein bisschen Spaß haben, gebe ich Ihnen jetzt mal meine Flop Five der bescheidensten Einstiege in eine Präsentation. Wenn Sie wissen wollen, wie Sie es besser machen, empfehle ich Ihnen meinen Workshop, in dem ich Ihnen eine Menge Möglichkeiten zeige, wie Sie eine Präsentation starten.

Nr. 1: „Ich, ähm, muss mich entschuldigen"

Ja, wofür denn? Dass Sie kein guter Redner sind? Dass Sie so wenig Zeit für die Vorbereitung hatten? Dass der Vorredner so lange gesprochen hat? Wer so einsteigt, muss sich nicht wundern, wenn die Zuhörer fragen: „Warum lassen Sie es denn dann nicht gleich bleiben?"

Nr. 2: „Eigentlich sollte jetzt ein anderer Redner sprechen." Oder: „Eigentlich sollte ich erst später drankommen."

Eigentlich sollte jetzt das Essen kommen. Und was gibt Ihnen das Recht, das jetzt auch noch zum Problem der Zuhörer zu machen?

Nr. 3: „Das kommt jetzt überraschend. Ich bin nicht so gut vorbereitet."

Ach was, Sie haben also Ihr Leben nicht im Griff und ich muss jetzt darunter leiden?

Nr. 4: „Oh, schade, dass nur so wenige gekommen sind."

Und eigentlich habe ich gar keine Lust zu reden. Das sagen Sie natürlich nicht, doch das hören Ihre Zuhörer und denken: *Schade, dass ich überhaupt gekommen bin, um Ihnen zuzuhören.*

Nr. 5 – meine absolute Topformulierung:

„Ich will mich kurzfassen."
Genau! Und die Erde ist eine Scheibe! Wer das sagt, hat in den meisten Fällen bereits gelogen.

Starten Sie Ihre Rede, Ihre Präsentation oder Ihre Ansprache positiv und begeistert. Verzichten Sie darauf, auf irgendetwas Negatives aufmerksam zu machen. Wenn Sie schlecht sind, wird das Publikum es auch ohne Ihre Hilfe merken! In den meisten Fällen sind wir uns selbst gegenüber kritischer als andere es sind. Und was wir für eine mittelmäßige Rede halten, gefällt unter Umständen unserem Publikum und wir ernten trotzdem dafür Applaus.

Der Glaube übrigens, dass nach einem Start mit einer Entschuldigung, die Zuhörer mit uns gnädiger umgehen, ist ein Trugschluss. Mitleid ist nicht das, was Sie haben wollen, oder? Warum wollen Sie sich oder das, was Sie zu sagen haben, abwerten? Egal wie, wann oder was – Ihr Publikum hat ein Recht darauf, dass Sie das Beste geben. Damit schließen wir das Kapitel „Präsentation und Reden" ab und ich fasse für Sie noch einmal zusammen:

Fünf Minuten vor dem richtigen Publikum sind mehr wert als ein Jahr Arbeit im Büro. Deshalb sorgen Sie für einen souveränen Auftritt mit einem Stichwortzettel, der Ihnen Sicherheit gibt und Ihren Zuhörern vermittelt, dass Sie sich gut vorbereitet haben. Sorgen Sie für einen starken Start und ein starkes Ende und vermeiden Sie natürlich die Flop Five, die ich mit Ihnen geteilt habe.

SMALL-TALK-TYPEN

Jetzt geht es um den Small Talk. Und ich weiß: Small Talk polarisiert! Es gibt Small-Talk-Fans und es gibt Menschen, die halten Small Talk für absolut überflüssig. Ich zeige Ihnen, worum es beim Small Talk geht. Sie werden feststellen, was für ein Small-Talk-Typ Sie überhaupt sind. Dazu habe ich ein kleines Quiz für Sie vorbereitet und mit der Auswertung des Quiz zeige ich Ihnen auch gleich, wie Sie mit anderen Menschen smalltalken können. Was spricht gegen Small Talk? Auch das ist ein Punkt, auf den ich eingehen werde. Und natürlich auf die Körpersprache beim Small Talk. Denn Small Talk ist Kommunikation mit dem ganzen Körper. Wie beginne ich Small Talk? Welche Themen eignen sich? Welche nicht? Wie schaffe ich eine positive Gesprächsatmosphäre? Ich zeige Ihnen eine Ankertechnik, mit der Sie stundenlang smalltalken können, ohne dass Ihnen die Gespräche ausgehen. Natürlich nur, wenn Sie wollen. Und auch was Sie tun können, wenn Sie einmal keine Ahnung haben und wie Sie aus einer Small-Talk-Situation wieder herauskommen.

Talken wir los. Was ist das Ziel von Small Talk? Beim Small Talk geht es um Beziehungsaufbau und um Beziehungspflege. Vielleicht winken jetzt einige von Ihnen ab: „Der ganze Beziehungskäse, das ist doch alles nur Zeitverlust." Wissen Sie, warum? Das hängt davon ab, welcher Small-Talk-Typ Sie sind. Um das herauszufinden, machen wir jetzt ein kleines Quiz.

Übung:

Sie sehen gleich 25 Aussagen. Wenn Sie spontan der Aussage zustimmen können, schreiben Sie bitte den Buchstaben auf, den Sie hinter der Aussage lesen.

Die erste Aussage lautet: „Wo gehobelt wird, da fallen Späne". Wenn Sie dem zustimmen, schreiben Sie jetzt ein „A" auf. Stimmen Sie nicht zu, schreiben Sie nichts auf.

Die nächsten 24 Aussagen beantworten Sie nach diesem System weiter.

„Jeder ist seines Glückes Schmied."(A)

„Allein machen sie dich ein." (B).

„Ein bisschen Schwund ist immer." (A).

„Man muss nicht Marketing machen, man muss seine Kunden lieben." (B).

„Wer zuerst kommt, mahlt zuerst." (A)

„Vergisst du den Kunden, hat er dich bereits vergessen." (B)

„Höflichkeit ist Klugheit, folglich ist Unhöflichkeit Dummheit." (B)

„Aufmerksamkeit und Liebe bedingen einander." (B)

„Lieber keinen Erfolg, als keinen Entschluss." (A)

„Ein edler Mensch zieht edle Menschen an." (B)

„Wer zu spät kommt, den bestraft das Leben." (A)

„Das will ich mir genauer ansehen." (A)

„Das würde ich gerne prüfen." (A)

„Das können wir ganz schnell klären."(A)

„Was kann ich für Sie tun?" (B)

„Benötigen Sie noch etwas?" (B)

„Darf ich Sie mit den Herren Müller und Meier bekannt machen?" (B)

„Das hat Zeit." (A)

„Geben Sie nur her. Ich mache das schon." (A)

„Ich erkläre es Ihnen gerne noch einmal." (B)

„Das macht wirklich Spaß." (B)

„Ich hole noch ein paar andere Gäste dazu." (B)

„Das mache ich mal schnell selbst." (A)

Das waren die Aussagen. Jetzt habe ich noch zehn Verhaltensweisen oder Eigenschaften für Sie. Wenn das die Dinge sind, die Sie an sich selbst und an anderen schätzen, dann schreiben Sie wieder ein „A" oder ein „B" auf. Wenn es Dinge sind, die Sie nicht schätzen, dann schreiben Sie keinen Buchstaben auf.

„Dynamisch, zügig, schnell." (A)

„Gewissenhaft, präzise, detailliert." (A)

„Fair, loyal, moralisch." (B)

„Sinnvoll, erprobt, bewährt." (A)

„Lustig, fröhlich, unterhaltsam." (B)

„Aktiv, lebendig, ehrgeizig." (A)

„Diplomatisch, höflich, kontaktfreudig." (B)

„Hilfsbereit, interessiert, aufmerksam." (B)

„Einfühlsam, taktvoll, rücksichtsvoll." (B)

„Verbindlich, gewinnend, gesprächig." (B)

„Herausfordernd, begeistert, entschlossen." (A)

„Beherrscht, zurückhaltend, vorsichtig." (A)

Bitte zählen Sie jetzt, wie viele „A"s und wie viele „B"s Sie aufgeschrieben haben. Steht bei Ihnen öfter der Buchstabe „A", dann sind Sie der Small-Talk-Typ A. Steht öfter „B", dann sind Sie der Small-Talk-Typ B. Sie werden feststellen, dass Sie vermutlich nicht nur „A" oder „B" aufgeschrieben haben, deshalb treffen aus beiden Bereichen A und B Dinge auf Sie zu.

Small-Talk-Typ A ist der Sachorientierte. Ihnen geht es eher darum, mit Ihren Fähigkeiten und Ihrer Kompetenz dafür zu sorgen, dass eine Sache erledigt wird. Die Dinge müssen geregelt werden, Aufgaben müssen zu Ende gebracht werden. Inhalte und Ziele motivieren Sie mehr, als die Personen, mit denen Sie oder für die Sie die Dinge erledigen. Und Sie sind auch nicht unbedingt ein Fan von ausgedehntem Small Talk. Wenn Sie sich unterhalten, dann zum Zwecke des Informationsaustauschs, maximal noch des Meinungsaustauschs. Es geht nicht darum, zwanglos zu plaudern. Es ist andererseits für Sie auch völlig in Ordnung, wenn Sie nicht der Mittelpunkt des Geschehens sind – ganz im Gegenteil, das ist Ihnen oftmals sogar ganz lieb. Ihre Small-Talk-Herausforderungen sind, das Miteinander anderer Menschen auszubauen und die Beziehungsebene zu anderen Menschen zu stärken. Gerade dann, wenn Sie einem Typ B, einem beziehungs-orientierten Typ, gegenüberstehen. Für Sie ist es wichtig, die Distanz zu anderen Menschen abzubauen, also mehr Nähe zu schaffen. Denn Sie werden von anderen Menschen oftmals als etwas distanziert empfunden. Das ist gar nicht böse gemeint, nur etwas zu sachkonzentriert vielleicht.

Der Small-Talk-Typ B ist der Beziehungsorientierte. Ihnen geht es darum, das Bedürfnis anderer Menschen kennenzulernen, zu erspüren, welche Stimmungen und Emotionen vorherrschen. Das sind eindeutig Ihre Stärken. Ihnen ist es wichtig, andere nicht zu enttäuschen. Daher sind Sie selbst verletzt und enttäuscht, wenn andere Ihre Bemühungen um ein Miteinander, dem gegenseitigen Warmwerden, die Nähe nicht honorieren können. Sie tauschen sich gerne mit Menschen aus. Es geht Ihnen weniger um die Sache als den Austausch selber. Sie mögen Small Talk. Und wenn Sie Ihren Idealismus und Ihre überschwappende Begeisterung in den Griff bekommen, machen Sie das auch sehr gut. Ihnen ist es in der Regel wichtiger, den Erwartungen anderer zu entsprechen. Das kann manchmal für Sie ein Zeichen der Schwäche sein oder auch dazu führen, dass Sie das Gefühl haben ausgenutzt zu werden. Ihre Strategie wäre, dass Sie Ihr Gespür für andere Menschen konsequent einsetzen, dass Sie Verständnis dafür zeigen, dass es auch Menschen vom Small-Talk-Typ A gibt, die sich vor allem an Aufgaben orientieren, und dass Sie Ihre emotionale Kapazität dafür einsetzen, um auch mit diesen Menschen auf eine Wellenlänge zu kommen, auch wenn Sie den Small-Talk-Typ A manchmal als etwas kühl empfinden.

Nehmen wir an, Sie sind Small-Talk-Typ A, der Sachorientierte. Sie wissen jetzt, dass Ihnen sehr daran gelegen ist Dinge zu klären und in möglichst wenig Zeit möglichst viel an Informationen herüberzubringen. Was können Sie also tun, um Small-Talk-Typ B, den Beziehungsorientierten, zum Small Talk zu motivieren? Nichts. Denn Typ B ist von sich aus motiviert. Vermutlich müssen Sie sich eher selbst zum Small Talk motivieren. Denn der Small-Talk-Typ A mag den Small Talk gar nicht. Wir werden später noch darauf eingehen, warum Small Talk auch für Sie wichtig ist und warum Small Talk keine verlorene Zeit ist. Meine Empfehlung für Sie ist: Hören Sie gut zu, denn das können Sie. Zeigen Sie sich aufgeschlossen, auch wenn Sie nicht immer sofort den Sinn einer Aussage erkennen können und vielleicht das Gefühl haben, dass aus Ihrer Sicht um den heißen Brei herumgeredet wird. Nehmen Sie Ihr Gegenüber ernst. Auf diese Weise schaffen Sie eine Vertrauensbasis. Ihre Sachorientierung verwenden Sie als Ritterrüstung, um sich zu schützen und abzuschotten. Klappen Sie das Visier hoch, zeigen Sie, wer Sie wirklich sind. Das ist der Sinn des Small Talks.

Jetzt nehmen wir das Gegenteil an – Sie sind Small-Talk-Typ B. Der Small Talk liegt Ihnen im Blut. Was tun Sie nun, wenn Sie einen Vertreter vom Typ A vor sich haben? Wahren Sie zunächst ein wenig Distanz. Denn in Ihrem Überschwang steigen Sie dem anderen sonst auf die emotionalen Zehenspitzen. Typ A wird in diesem Fall schnell das Visier herunterklappen. Wecken Sie das Interesse Ihres Gegenübers mit Emotionen. Bedenken Sie: Ihr Gegenüber interessiert sich mehr für Informationen und erst später für Emotionen. Geben Sie dem, was Sie sagen, eine logische Struktur. Das macht es Ihrem Gegenüber sehr viel einfacher, Ihnen zu folgen. Dann wird er sich Ihnen auch öffnen. Sie werden im Small Talk oftmals feststellen, dass die Typen A und B untereinander besser kommunizieren können. Deshalb ist oft zu beobachten, dass sich die A-Typen und die B-Typen auf einer Party zusammenfinden. Bei den ATypen gehen die Gespräche ruhiger zu. Sie pflegen mit kurzen, prägnanten Sätzen den Austausch und wechseln – wenn alles gesagt ist – zum nächsten Gesprächspartner. A-Typen können aber auch einfach mal ganz gepflegt miteinander schweigen. Spannend wird es daher erst dann, wenn sie sich einmal gezielt auf Small Talk mit dem jeweils anderen Typen konzentrieren. Fühlen Sie sich in Ihr Gegenüber ein und erfahren Sie, wie der andere denkt und was ihm wichtig ist. Sie werden feststellen, es ist gar nicht so schwierig, wie es auf den ersten Blick aussieht. Und Sie werden eine Menge Spaß haben.

Zwischen Small Talk und den Small-Talk-Typen können wir die Brücke zur Körpersprache perfekt schlagen. Sie erinnern sich noch an den Typen mit den verschränkten Armen? Das ist in der Regel eher ein Typ A. Denn ein Typ B hätte die Arme offen, er möchte Sie gerne am liebsten sofort umarmen.

Sie kennen also Ihren Small-Talk-Typ und sind trotzdem noch nicht ganz davon überzeugt, ob Small Talk wirklich sinnvoll ist? Welche Punkte sprechen denn für Small Talk? Small Talk ist ein idealer Türöffner. Er hilft, Netzwerke aufzubauen und Beziehungen zu pflegen. Die ATypen fragen sich jetzt: „Wofür brauche ich Beziehungspflege?" Stellen Sie sich Ihr Netzwerk wie ein Flussdiagramm vor. Jeder Mensch, den Sie kennengelernt haben, besetzt eine Position in diesem Diagramm. Geben Sie der Sache eine logische Struktur: Je größer dieses Netzwerk ist, desto mehr können Sie dabei herausholen, desto mehr ist für Sie drin. Das heißt, das Netzwerk ist aus Ihrer Sicht eine Hilfe, wenn Sie Ihr Sachziel erreichen. Sie knüpfen neue Kontakte im Small Talk. Und für die knallhart kalkulierenden Typen: Soziale Kontakte machen glücklich, auch wenn Sie das nicht sofort messen können. Überlegen Sie doch einmal: Jede Freundschaft beginnt durch eine Bekanntschaft. Und jede Bekanntschaft beginnt in der Regel erst einmal mit Small Talk. Und auch wenn Sie glauben, dass Small Talk vielleicht oberflächlich ist, weil es nur um den Austausch von Plattitüden und Binsenweisheiten geht, dann ist das nicht schlimm. Auf diesem Weg bauen Sie eine positive Gesprächsatmosphäre auf. Sobald Sie gemeinsam lachen, ist das Eis gebrochen. Ich erzähle Ihnen eine Geschichte dazu: Small Talk im Flugzeug. Ich sitze neben einer Dame, die mit mir ins Gespräch kommen möchte. Sie nimmt unseren Flug als Aufhänger und fragt mich: „Fliegen Sie auch nach München?" Offensichtlich! Natürlich muss ich nach München fliegen. Ich werde wohl nicht zwischendurch aussteigen. Und in dem Moment, als sie das gesagt hat, hat sie drüber gelacht und ich habe auch drüber gelacht. Und obwohl es eine Plattitüde war und sie sich vielleicht ein bisschen blamiert hat, haben wir ein super Gespräch gehabt. Auch das macht Small Talk aus – miteinander lachen und Spaß haben. Natürlich kann es auch Punkte geben, die gegen den Small Talk sprechen. Small Talk könnte als oberflächlich wahrgenommen werden. Vielleicht haben Sie auch Angst, in ein Fettnäpfchen zu steigen. Nichtsdestotrotz, probieren Sie es aus! Sie werden feststellen, die Oberflächlichkeit ist nicht schlimm und wenn Sie wirklich einmal mit beiden Füßen ins Fettnäpfchen springen, ist es ebenfalls nicht schlimm. Ich zeige Ihnen noch in diesem Kapitel, wie Sie aus diesem Fettnäpfchen auch wieder herauskommen. Aber lassen Sie uns noch einmal gedanklich einen Schritt zurückgehen. Wir haben über Körpersprache gesprochen. Small Talk ist nicht nur reden. Small Talk ist kommunizieren – mit der Stimme und dem Körper. Bitte achten Sie auf Ihre Körpersprache. Denn auch wenn Sie verstanden haben, was Small Talk ist, und Sie es ausprobieren wollen, ist es wichtig, dass der Körper dieser Aussage folgt. Denn wenn Sie jetzt mit grimmiger Miene, verschränkten Armen und arrogant hochgezogener Nase dastehen, dann werden alle anderen (bei allen guten Vorsätzen) sofort spüren, dass etwas nicht stimmt. So wie Sie auftreten, so werden andere auf Sie reagieren. Deshalb achten Sie darauf, dass Sie (auch) beim Small Talk sowohl auf Ihre Stimme, Sprache und Aussage als auch auf die Körpersprache achten.

WIE BEGINNE ICH SMALL TALK

Wenn Sie Sorge haben, sich im Small Talk zu blamieren, dann üben Sie doch einfach mit Menschen, die Sie vermutlich nie wiedersehen: Menschen, die Ihnen an der Bushaltestelle über den Weg laufen, im Supermarkt, im Zug oder wo auch immer Menschen sind, die Sie nicht kennen und bei denen die Wahrscheinlichkeit sehr gering ist, dass Sie sie noch einmal treffen.

Mit dem Small Talk ist es wie mit vielen Dingen im Leben: Die Übung ist das, was den Spaß bringt! Üben Sie täglich den Kontakt mit anderen Menschen. Wenn Sie sich nicht trauen, fremde Menschen anzusprechen, dann beginnen Sie damit, die Menschen anzulächeln. Sie werden überrascht sein, welche Auswirkungen sie spüren, wenn Ihr Lächeln erwidert wird. Im nächsten Schritt lächeln Sie nicht nur, sondern Sie sagen diesem wildfremden Menschen „Guten Tag". Und wenn Sie diese Stufe gemeistert haben, können Sie noch einen Schritt weitergehen. Fragen Sie die Menschen nach der Uhrzeit. Fragen Sie ruhig zehn Menschen nacheinander. Sie wollen schließlich lernen, mit Menschen ein bisschen ins Gespräch kommen. Als Nächstes fragen Sie nach Wechselgeld. Nehmen Sie einen Fünfeuroschein und fragen Sie die Menschen, die Ihnen begegnen, ob sie Ihnen den Fünfeuroschein in Kleingeld wechseln können. Und keine Sorge, Sie müssen nicht ein Bündel Scheine bei der Bank besorgen. Sie benötigen lediglich einen Schein. Wissen Sie, warum? Mit einem Fünfeuroschein können Sie sich den ganzen Tag beschäftigen. Den nächsten fragen Sie nämlich, ob er Ihnen das Kleingeld in einen Fünfeuroschein wechseln kann. Wenn Sie so weit sind, dann bitten Sie im nächsten Schritt um Hilfe oder bieten Sie Ihre Hilfe an. Fragen Sie jemanden, wie Sie zum Bahnhof kommen oder wo es in der Nähe ein gutes Restaurant gibt? Sie werden feststellen: Die Menschen sind gerne bereit, Ihnen zu helfen. Auf diese Weise lernen Sie, wie Sie mit Menschen ins Gespräch kommen, Sie bauen Ihr Selbstvertrauen auf und Small Talk fängt an, richtig Spaß zu machen.

Gerade wenn Sie der A-Typ sind, habe ich noch einen Tipp für Sie: Wenn Sie auf eine Party oder auf ein Networking Event eingeladen werden, dann setzen Sie sich ein klares Ziel. Setzen Sie sich das Ziel, zum Beispiel mit drei Visitenkarten von Menschen, die Sie noch nicht kennen, am Abend nach Hause zu gehen. Ihr Ziel kann natürlich auch sein, dass Sie mit einer interessanten Person am Abend nach Hause gehen, die Sie noch nicht kennen.

Denken Sie noch einmal an die Übung aus dem Kapitel Souveränität und Selbstbewusstsein. Grinsen Sie sich an! Das können Sie im Auto machen, sogar auf einer öffentlichen Toilette. Grinsen Sie sich in Stimmung. Und – wenn es Ihnen ein wenig hilft – trinken Sie ein Gläschen Sekt oder ein Gläschen Schampus – ein Gläschen, keine ganze Flasche!

Wenn Sie sich sorgen, dass Sie sich noch immer nicht richtig trauen, nehmen Sie einen Freund oder eine Freundin mit, um Small Talk zu machen. Und übrigens: Wo könnten Sie beispielsweise auf einer Party am besten mit dem Small Talk beginnen? Genau – in der Küche oder am Buffet, denn über Essen lässt es sich immer reden.

Menschen vom Typ A hilft es, ein Sachziel zu haben, um sich zu motivieren. Gehören Sie zum Small-Talk-Typ B, dann genügt Ihnen vermutlich die Tatsache, dass Sie dort vielen Menschen über den Weg laufen. Sie brennen sowieso richtig darauf, andere Menschen kennenzulernen.

Sie wissen jetzt, welcher Small-Talk-Typ Sie sind und Sie haben die Vor- und Nachteile des Small Talks gegeneinander abgewogen. Sie wissen auch, wie Sie mit anderen Small-Talk-Typen ins Gespräch kommen. Aber worüber sprechen Sie denn im Small Talk? Ich gebe Ihnen ein paar Vorschläge, worüber Sie sprechen können:

- Aktuelle Ereignisse – das, was am Tag, in der Woche oder generell in der letzten Zeit passiert ist
- Hobbys
- Sport
- Kultur

- Literatur
- Filme
- Theater
- Konzerte
- Urlaub ist immer ein faszinierendes Thema
- gemeinsame Bekannte – sind Sie z. B. zu einer Party eingeladen, können Sie davon ausgehen, dass alle dort den Gastgeber kennen.
- Verwandte
- gleiche Arbeitsgebiete
- auf einer Firmenveranstaltung: den Referenten, das Thema, die Veranstaltung, das Gebäude, vielleicht Sehenswürdigkeiten in der Stadt, das Wetter, die Anreise, Essen und Trinken, Gemeinsamkeiten und die eigene Vorstellung natürlich auch.
- Sie können auch über Duft sprechen. Nicht, was Sie jetzt denken! Es geht nicht um das Deo, das Ihr Gegenüber nicht verwendet hat! Nein, es geht darum zu fragen: „Wow, was für ein Parfüm ist das denn?", wenn Sie ein Parfüm wahrnehmen

Es gibt natürlich auch Themen, die Sie vermeiden sollten, weil Sie mit diesen relativ schnell auf kommunikatives Glatteis geraten und auf die sprichwörtliche Schnauze fallen könnten.

Lassen Sie Krankheiten aus, ebenso Religion, Sex, Tod, Rassenfragen. Bitte auch keine Kritik, insbesondere nicht über den Gastgeber, Politik und berufliche oder persönliche Probleme. Als Aufhänger sind Berufe vollkommen okay. Nur bitte nutzen Sie den Small Talk nicht für Ihren kostenlosen Beratungsbedarf nach dem Motto: „Mensch, Herr Doktor Becker! Super, dass ich Sie hier treffe! Ich brauche da mal Ihren Rat als Arzt. Ich habe da so ein kleines Hämorrhoidenproblem." Das kommt vor allem dann gut an, wenn Sie sich gerade in einer Gruppengesprächsrunde befinden.

Wie kommen Sie nun ins Gespräch?
Am Anfang sollten Sie eine positive Gesprächsatmosphäre schaffen. Und wie

machen Sie das? Indem Sie Gemeinsamkeiten finden. Das können der Name sein, Ihre Vorstellung, der Gastgeber oder die Firma. Erinnern Sie sich an das Beispiel: Fliegen Sie auch nach München? Das war eine solche Gemeinsamkeit. Super funktionieren auch Komplimente. Nehmen Sie z. B. etwas Auffallendes als Aufhänger: ein Schmuckstück, eine Brille, irgendetwas, was Ihnen positiv auffällt. Nur bitte bleiben Sie ehrlich bei den Komplimenten, denn sonst wird Ihre Körpersprache ausdrücken, dass Sie das, was Sie gesagt haben, so nicht meinen. Beobachten Sie auch die Körpersprache der anderen. Wenn es z. B. Gruppen gibt beobachten Sie, ob die Gruppen eher eng zusammenstehen oder ob sich eine Lücke bildet, ob die Menschen eher ablehnend sind oder eher offen. Suchen Sie zuerst Blickkontakt mit jemandem und gehen Sie dann auf diese Person zu. Hören Sie anderen Menschen zu, dann finden Sie den Einstieg ins Gespräch, wenn ein interessantes Thema kommt. Sprechen Sie Bekannte, Gastgeber oder Menschen an, die lächeln und offen sind. Eine Frage oder die Bitte um Hilfe sind ein guter Einstieg: „Können Sie mir bitte zeigen, wo ich das Buffet finde?" Oder: „Können Sie mir bitte sagen, wo ich den Gastgeber finde?" Natürlich ist auch die Selbstvorstellung eine gute Möglichkeit. Bei beruflichen Events haben Sie oftmals ein Namensschild, auf das Sie gucken können, dann können Sie Ihr Gegenüber direkt mit Namen ansprechen. Und wie ich Ihnen versprochen habe, stelle ich Ihnen jetzt die sogenannte Ankertechnik vor: Die Ankertechnik ist eine Technik, mit der Sie in ein Gespräch einsteigen und das Gespräch am Laufen halten können, indem Sie an das anknüpfen, was Ihr Gegenüber vorher gesagt hat. Sie nehmen aus dem zuvor gesagten Satz einen sogenannten Anker, um selbst den nächsten Satz zu sagen. Sie können entweder eine Aussage treffen oder eine Frage stellen. Im letzteren Fall empfiehlt es sich im Übrigen, sogenannte offene Fragen zu stellen, um anknüpfen zu können. Fragen also, die nicht nur mit Ja oder Nein beantworten werden können, sondern mit einem längeren Satz. Denn wenn die Antwort Ihres Gegenübers nur Ja oder Nein lautet, ist es mit dem Anknüpfen ein bisschen schwierig. Ein Beispiel: Fragen Sie lieber „Wie war Ihre Anreise?" anstatt „Sind Sie mit dem Auto gekommen?"

Kurze Anekdoten oder Zitate sind auch ein guter Einstieg. Denn die kennt Ihr Gegenüber wahrscheinlich auch – sofort haben Sie ein gemeinsames Thema.

Ich zeige Ihnen jetzt ein Beispiel für die Ankertechnik:

„Ich bin heute mit dem Flugzeug angereist."
„Ich bin heute mit dem Zug gekommen. Doch das letzte Mal geflogen bin ich, als wir mit der Familie in den Urlaub geflogen sind."
„Ah ja, genau, wir haben den letzten Urlaub in der Normandie verbracht."
„In der Normandie war ich auch schon. Da gibt es hervorragende Crêpes."
„Ja, genau, Crêpes mit Calvados ist mein absoluter Favorit."
„Ja, Calvados und Wein, das interessiert mich. Wissen Sie, ich war mal Weinkönigin in meinem Heimatort."
„Ach ja, und in dem Heimatort bin ich auch zur Schule gegangen."
„Ja, das mit der Schule liegt lange zurück. Jetzt sind mittlerweile schon die eigenen Kinder in der Schule."
„Ja, und meine Kinder sind in derselben Schule. Die spielen übrigens auch Fußball."
„Spielen sie im selben Club?"
„Nein, meine Kinder spielen nicht in dem Club, aber ich selbst habe dort früher gespielt. Mittlerweile mache ich ja einen anderen Sport."
„Ja, mich interessiert vom Sport auch mehr der Wintersport."

Sehen Sie? Es gab immer ein Wort im vorherigen Satz, an das im nächsten Satz angeknüpft wurde.

Was tun Sie, wenn über ein Thema gesprochen wird, von dem Sie keine Ahnung haben? Nachfragen! Gestehen Sie offen ein, dass Sie das nicht wissen. Bitte nicht bluffen. Denn bluffen fliegt über kurz oder lang sowieso auf.

Und was machen Sie nun, wenn Sie in ein Fettnäpfchen getreten sind?

Es kann durchaus passieren, dass plötzlich in der Gesprächsrunde Ihr Handy klingelt. Entschuldigen Sie sich und schalten Sie es aus oder leise. Wenn es sich um ein wirklich wichtiges Gespräch handelt, entschuldigen Sie sich kurz: „Entschuldigen Sie! Bitte lassen Sie mich das annehmen, ich bin gleich wieder da."

Was machen Sie, wenn Sie in einer Gesprächsrunde stehen und Sie sehen einen anderen Menschen, den Sie begrüßen möchten?

Sagen Sie genauso: „Entschuldigen Sie mich, ich habe einen Bekannten gesehen, den ich kurz begrüßen möchte." Dann kehren Sie zurück und sagen: „Dankeschön, dass Sie auf mich gewartet haben."

Vermeiden Sie im Small Talk auf jeden Fall Gerüchte. Die Gerüchteküche ist etwas, das gerne im Small Talk aufgewärmt wird das jedoch aus meiner Sicht so viele Risiken in sich birgt, dass Sie lieber die Finger davonlassen.

Und wenn Sie einmal wirklich so richtig ins Fettnäpfchen getreten sind, dann entschuldigen Sie sich und wechseln das Thema. Es bricht niemandem ein Zacken aus der Krone, wenn Sie sagen: „Oh, da war ich wohl vorschnell." Oder: „Pardon, das war dumm und ungeschickt von mir." Bitte beachten Sie beim Small Talk auch die Distanzzonen. Wenn Sie die Distanzzonen einmal wirklich live erleben wollen, dann machen Sie Folgendes: Wenn Sie jemandem am Tisch gegenübersitzen und Sie haben irgendetwas vor sich liegen, z. B. ein Feuerzeug oder einen Schlüsselbund, dann schieben Sie diesen Schlüsselbund, während Sie sich unterhalten, in die Tischhälfte des anderen. Damit betreten Sie seine Distanzzone. Sie werden merken, dass Ihr Gegenüber unruhig wird und möglicherweise ganz unbewusst anfängt, diesen Gegenstand wieder zurück in Ihre Hälfte zu schieben. Da sehen Sie, wie Distanzzonen wirklich funktionieren.

Ein anderes Thema beim Small Talk ist natürlich unter Umständen auch „Wie komme ich da wieder raus?" Sie möchten schließlich nicht den ganzen Tag smalltalken. Der amerikanische Psychologe Leonard Zunin hat herausgefunden, dass ein Gespräch mindestens vier Minuten dauern muss, damit unser Gegenüber sich nicht brüskiert fühlt, wenn wir uns verabschieden. Und auch da gilt: Seien Sie ehrlich! Sagen Sie: „Entschuldigen Sie bitte, ich habe jemanden gesehen, mit dem ich mich auch gerne unterhalten möchte. Es freut mich, dass ich Sie kennengelernt habe." Tauschen Sie auch die Visitenkarte aus. Seien Sie verbindlich: „Ich möchte das Gespräch gerne weiterführen, lassen Sie uns telefonieren. Ich freue mich darauf." Oder: „Dann sehen wir uns am … um …" Oder nutzen Sie die Gelegenheit und stellen Sie den neuen Gesprächspartner Ihrem jetzigen Gesprächspartner vor – integrieren Sie jemanden, den Sie gesehen und begrüßt haben, in die Gruppe. Dann können Sie sich übrigens nach ein bis zwei Minuten verabschieden, denn wenn sich diese beiden unterhalten, dann ist es nicht mehr unhöflich, wenn Sie jetzt gehen. Wohingegen es immer schwieriger ist, jemanden alleine stehen zu lassen.

Sie können natürlich auch nonverbale Signale setzen. Damit meine ich nicht, dass Sie alle zehn Sekunden auf die Uhr gucken. Ziehen Sie z. B. einen Autoschlüssel hervor. Damit setzen Sie ein Signal, das feinfühlige Mitmenschen in die richtige Richtung interpretieren. Oder wenn Sie beispielsweise im Zug sitzen und Sie unterhalten sich angeregt mit Ihrem Sitznachbarn, wollen aber noch etwas vorbereiten, klappen Sie Ihren Laptop auf. Das ist ebenfalls eine dezente Methode zu zeigen, dass Sie arbeiten möchten. Erklären Sie auch offen: „Ich freue mich, mich mit Ihnen zu unterhalten. Ich bitte Sie um Verständnis, dass ich noch etwas fertig machen/E-Mails bearbeiten muss." Ich habe es noch nie erlebt, dass mein Gegenüber dann enttäuscht war.

Bei den Abgangsvarianten vom Small Talk gibt es auch noch die sogenannte französische Variante. Warum französisch? Diese Variante stammt aus der Diplomatie. Diplomaten führen einerseits viel Small Talk, denn ihr Geschäft ist die Beziehungspflege, und haben andererseits die Herausforderung, dass sie an einem Abend unter Umständen auf fünf verschiedene Veranstaltungen eingeladen sind. Sie „hangeln" sich von Small-Talk-Partner zu Small-Talk-Partner immer weiter in Richtung Tür, um dann irgendwann unerkannt die Veranstaltung zu verlassen. Niemand weiß, wie lange sie da waren und wann sie gegangen sind. Auch das ist, wenn Sie die davor besprochenen Tipps beachten, durchaus eine Möglichkeit, wie Sie sich dem Small Talk wieder entziehen können. Und weil es eine „Technik" ist, die viel von Diplomaten eingesetzt wird und Französisch traditionell die Sprache der Diplomaten war, heißt es „französischer Abgang". Und Small Talk ist eine Voraussetzung zum Networking oder Netzwerken auf Deutsch. Es geht darum, interessante Menschen kennenzulernen. Und das klappt nur, wenn Sie sich mit vielen Menschen unterhalten. Stellen Sie sich vor – und das gilt jetzt gerade für Sie, liebe A-Typen –, Sie sind Muscheltaucher und wollen Perlen aus den Muscheln holen. Wie erkennen Sie denn von außen an der Muschel, ob eine Perle drin ist? Genau – überhaupt nicht. Sie müssen die Muschel erst öffnen. Und genauso ist es auch bei Ihren Small-Talk-Partnern. Sie können von außen nicht erkennen, ob Ihr Gegenüber jemand ist, den Sie als interessant empfinden. Das ist Networking. Beim Networking ist der Weg das Ziel. Beim Small Talk steht nicht der Sinn dahinter, dass Sie jemanden kennenlernen, der Ihnen ein Problem lösen kann, sondern dass Sie generell verschiedene Menschen kennenlernen. Damit steigt die Wahrscheinlichkeit, dass es in Ihrem Netzwerk jemanden gibt, der Ihnen bei einem bestimmten Problem im Leben helfen kann. Und letzten Endes geht es beim Networking auch darum, was andere über Sie sagen – vor allem, wenn Sie nicht dabei sind. Networking bedeutet auch, dass sie jemand anruft und sagt: „Ich habe gehört, Sie sind der Experte für …" Wenn das passiert, wissen Sie, dass Sie Ihr Netzwerk wächst und über Sie spricht.

Zum Thema Networking habe ich auch eine Übung für Sie: In den nächsten fünf Tagen ist es Ihre Aufgabe, mindestens einmal pro Tag mit einer wildfremden Person – genau, einem Menschen, den Sie noch nie im Leben gesehen haben und der Ihnen möglicherweise auch nie wieder über den Weg läuft – zu smalltalken. Das kann im Bus, in der Bahn, im Restaurant, an der Tankstelle, im Supermarkt, wo auch immer sein. Und bitte nicht fünf Menschen auf einmal am Tag, sondern wirklich fünf Tage hintereinander, denn ich möchte, dass Sie die Gewohnheit entwickeln, Small Talk zu führen. Wenn Sie die Gewohnheit haben, führen Sie automatisch Small Talk. Sie werden eine Reihe von Visitenkarten sammeln und sich ein Netzwerk aufbauen, denn Sie können nie genug Freunde im Leben haben.

AKTIVES ZUHÖREN

Eine wichtige Voraussetzung für Small Talk ist aktives Zuhören. Das bedeutet, dass Sie Ihrem Gegenüber wirklich zuhören und ganz bei der Sache sind. Denken Sie während des Zuhörens nicht schon wieder darüber nach, was Sie als Nächstes antworten können, sondern hören Sie einfach nur zu. Das signalisieren Sie, indem Sie durch Fragen nachhaken und/oder interessierte Bemerkungen machen, und zwar nicht nur durch Äußerungen wie „Hm", „Ah ja", „Das verstehe ich", „Das sehe ich genauso." Ihr Gegenüber wird es zu schätzen wissen, wenn Sie ihnen zuhören. Außerdem brauchen Sie die Informationen, damit Sie die Ankertechnik anwenden können.

In einem Experiment wurden Probanden ausgewählt, die sich mit einem Menschen unterhalten sollten. Was sie nicht wussten, war, dass dieser Mensch von dem Professor, der das Experiment geleitet hat, auf dieses Gespräch vorbereitet war. Er hatte nur die Aufgabe, das Gespräch am Laufen zu halten und dabei so wenig wie möglich von sich preiszugeben, aber dafür zu sorgen, dass die Probanden möglichst viel erzählen. Das Faszinierende dabei ist: Als diese Probanden später gefragt wurden, wie sie die Kommunikation und das Gespräch empfunden haben, erklärten sie, eine fantastische Unterhaltung gehabt zu haben, obwohl sie die meiste Zeit nur über sich selbst gesprochen haben. Wenn Sie also anderen Menschen die Gelegenheit zum Sprechen geben, lösen Sie positive Gefühle aus und hinterlassen einen positiven ersten Eindruck.

Und neben der „Zwei-Drittel-zu-ein-Drittel-Regel" gibt es auch eine Regel, die ich die Drei-Sekunden-Regel genannt habe. Wenn Sie im Gespräch sind, warten Sie einfach drei Sekunden, bevor Sie auf einen Satz Ihres Gegenübers reagieren. Erst dann stellen Sie eine Frage oder antworten Sie. Einige von Ihnen haben möglicherweise Bedenken, überhaupt zu Wort zu kommen, wenn Sie drei Sekunden warten sollen. Aber: Probieren Sie es aus! Sie werden feststellen, dass Sie durch dieses aktive Zuhören eine Menge Informationen sammeln werden. Übrigens: Das aktive Zuhören ist eines der Geheimnisse der Gedankenleser. Denn ich habe noch niemanden gesehen, der wirklich Gedanken lesen kann. Gedankenleser sind in vielen Fällen gute Zuhörer und gute Beobachter der Körpersprache. Beim aktiven Zuhören ist es wichtig, dass Sie wirklich zuhören und nicht bereits filtern oder beurteilen, sondern – und hier sind wir wieder bei der Kundensicht – die Welt aus der Sicht des anderen sehen.

Ich habe eine kleine Geschichte für Sie mitgebracht. Mit dieser können Sie Ihre Wahrnehmung trainieren, die wichtig ist für das Zuhören.

Lesen Sie die Geschichte und überlegen Sie, was passiert sein könnte.
Bitte denken Sie wirklich darüber nach und lesen Sie erst weiter, wenn Sie für sich eine sinnvolle Lösung gefunden haben.

Hier ist die Geschichte:

Was ist passiert?
Sie betreten ein Zimmer.
Cäsar und Cleopatra liegen tot auf dem Boden.
Der Teppich ist feucht und es liegen Glasscherben auf dem Boden.
Es ist keine Waffe und kein Blut zu sehen.
Was ist passiert?

Lesen Sie die Beschreibung gerne so oft, wie Sie wollen. Nur – lesen Sie bitte erst dann weiter, wenn Sie Ihre eigene Lösung gefunden haben.

Haben Sie Ihre eigene Lösung aufgeschrieben?
Hier ist meine Lösung:
Cäsar und Cleopatra sind Goldfische. Ihr Goldfischglas ist auf den Boden gefallen. Daher stammen die Glasscherben und deshalb ist der Teppich feucht. Und da sie als Goldfische nicht ohne Wasser überleben können, sind sie tot.

Was ich Ihnen mit dieser Geschichte mitgebe, ist ein Training für aktives Zuhören und sich wirklich nur auf die Worte zu konzentrieren und nicht auf das, was Sie hineininterpretieren.

Vielleicht haben Sie sich gedacht: Der Teppich ist feucht? Wieso kein Blut? Da muss doch Blut sein. Das ist eine Interpretation. Beim aktiven Zuhören interpretieren Sie jedoch nicht, sondern hören wirklich zu. Und auch das können Sie trainieren, z. B. wenn Sie zufällig das Gespräch anderer Menschen belauschen. Ich weiß, Ihre Eltern haben Ihnen beigebracht, das macht man nicht. Das ist auch richtig, aber beispielsweise im Bus oder in der Bahn, können Sie es oftmals gar nicht vermeiden. Sezieren Sie doch mal die Aussagen, die Sie dort hören und fragen Sie sich, was Sie jetzt wirklich über die andere Person wissen und was Sie vermutlich sofort hineininterpretieren würden. Wenn Sie das jeden Tag ein bisschen trainieren, dann werden Sie zu einem perfekten aktiven Zuhörer und dann können Sie vielleicht wirklich irgendwann die Gedanken der anderen Menschen lesen.

ELEVATOR PITCH

In diesem Kapitel zeige ich Ihnen, was der Elevator Pitch ist und wie Sie einen Elevator Pitch so formulieren können, dass Ihre Kunden sofort erkennen, was Sie anders sein lässt (aus Kundensicht).

Der Elevator Pitch ist eine spannende Kurzvorstellung über Sie, über Ihr Produkt, über Ihr Unternehmen oder über eine Idee. Die Bezeichnung Elevator Pitch kommt daher, dass karriereorientierte, junge Mitarbeiter ein kurzes Verkaufsgespräch (=Pitch) während einer Aufzugsfahrt (= Elevator) mit ihrem Vorgesetzten (welcher dann schlecht weglaufen konnte) geführt haben sollen, das neugierig darauf macht, mehr zu erfahren.

Diese Kurzpräsentation ist deshalb kein Ersatz für eine Verkaufspräsentation oder ein Überzeugungsgespräch, sondern ein Türöffner, der neugierig auf mehr macht. Sie können Kurzpräsentationen im privaten wie auch im beruflichen Bereich einsetzen.

Eine Frage, die Sie bestimmt kennen, ist: Was machen Sie denn so beruflich? Und die Antwort, die ich in 90 % aller Fälle höre, ist: „Ääääh, ich ... also, ich bin ... Bademeister." Oder Bäcker oder was auch immer. Die Reaktion, die das bei mir auslöst, ist: „Gäähn" – spannend ist etwas anderes.

Ich gebe Ihnen ein anderes Beispiel:

„Ich bin Managerin in der ersten Führungsebene eines erfolgreichen Familienunternehmens. Ich bin zuständig für Human Ressource, Logistic and Maintanance, Finanzen, Merger and Acquisition."

Was glauben Sie, macht diese Frau? Sie ist Mutter und Hausfrau. Sehen Sie, wie Sie etwas Normales so spannend beschreiben können, dass Ihr Gegenüber Lust bekommt, mehr darüber zu erfahren? Darum geht es. Wie spannend Sie sind für andere. In welchen Bereichen sind Sie anders als die anderen? Anders aus Kundensicht.

Wo können Sie Ihre Kunden abholen? Was sind die Dinge, die Ihre Kunden interessieren?

Und hier gibt es vier Punkte. Es gibt die Bedürfnisse, manchmal auch als verborgene Probleme bezeichnet. Das führt meistens dazu, dass Ihre Kunden Ihr Produkt toll finden, aber trotzdem keiner kauft.

Es gibt den echten Bedarf, den in der Regel auch die Mitbewerber erfüllen. Das heißt, auf den Bedarf zu zielen, bringt Ihnen nur dann etwas, wenn Sie der Einzige sind, der am Markt ist. Denn andernfalls gehen Sie sehr schnell in eine ziemlich ruinöse Preisspirale.

Es gibt den Leidensdruck. Sie haben ein Produkt oder eine Dienstleistung, die der Kunde wirklich braucht – um jeden Preis.

Und natürlich gibt es auch die Träume der Kunden. Nur das ist meistens zu überspannt, das glaubt Ihnen keiner.

Deshalb hat der Leidensdruck die besten Chancen, einen Kunden zu überzeugen. Sie müssen sich also im Bereich des Leidensdrucks Ihrer Kunden so positionieren, dass Sie anders und besser als die anderen sind. Das erreichen Sie über Ihre Persönlichkeit, Ihr Produkt und/oder über Ihre Dienstleistung. Und natürlich erreichen Sie das auch über die Art, wie Sie mit dem Kunden kommunizieren. Bedenken Sie, dass es in der Regel immer um den Vergleich mit den anderen geht. Ihr Kunde stellt die Frage „Was bringt mir das?" schließlich nicht nur Ihnen, sondern auch Ihren Mitbewerbern. Sie müssen also eine Antwort auf diese Frage finden, die besser und spannender ist als die Ihrer Mitbewerber. Schaffen Sie den Spagat zwischen „nicht zu nah am Wettbewerb" und „nicht zu weit weg vom Wettbewerb", sonst werden Sie als ausgeflippt wahrgenommen. Seien Sie nicht langweilig, aber auch nicht unseriös, weder „gäähn" noch total überzogen.

Die vier Elemente Ihres Elevator Pitch

Eine Kurzpräsentation lässt sich einfach aufbauen, wenn Sie schrittweise vorgehen:

1. Informationen weitergeben
2. Spannung aufbauen
3. die Spannung auflösen
4. einen Impuls setzen (was oftmals übersehen wird).

Gehen wir die vier Punkte im Einzelnen durch.

1. Die Information

Bei der Information loten Sie mit einem Satz zunächst aus, ob Ihr Gegenüber Interesse hat. Ich nehme hier mein eigenes Beispiel, denn das kenne ich am besten: „Ich bin Experte für den ersten Eindruck." Nun sehe ich bereits an der Körpersprache, noch bevor der andere antwortet, ob Interesse vorhanden ist und ob es mir gelungen ist, so viel Neugierde zu erwecken, dass ich mehr erzähle. Ich nenne das den Mimik-Check. Wenn mein Gegenüber genauso verschlafen aussieht wie vorher, dann spare ich mir den Rest der Präsentation. Ich erzähle sie ja nicht für mich, sondern für ihn.

2. Spannungsaufbau

In den meisten Fällen sehe ich eine Reaktion und dann baue ich die Spannung auf. Das kann ich zum Beispiel mit einer Frage. „Meine Kunden fragen sich, wie sie in sieben Sekunden jeden überzeugen können." Sie können auch sagen: „Was denken Sie?" Oder: „Was kennen Sie?" Stellen Sie eine Frage, die Ihr Gegenüber zum Mitarbeiten motiviert, die das Gehirn Ihres Gegenübers in Aktion bringt. Und dafür sind nicht nur Fragen hervorragend geeignet, sondern auch Bilder, Metaphern. Bilder erzeugen, genauso wie Fragen, Spannungen. Ein Bild, das ich gerne verwende, ist: „Das mit dem Auftreten und dem Eindruck auf andere Menschen ist wie mit einem Magneten: Ist Ihr Magnet richtig gepolt, dann ziehen Sie die Menschen an, die Sie im Leben weiterbringen. Automatisch und unbewusst. Ist Ihr Magnet falsch gepolt, dann passiert im besten Fall gar nichts. Doch meistens stoßen Sie die Menschen und die Dinge, die Sie haben und erreichen wollen, eher ab, und zwar, ohne dass Sie es merken. Das gilt nicht nur für Sie, sondern für jeden Mitarbeiter Ihres Unternehmens." Jetzt beschäftigt sich mein Geschäftspartner mit dem Bild. Ich habe den Leidensdruck eines jeden Unternehmers geweckt, wenn er darüber nachdenkt, dass seine Mitarbeiter wie Magneten funktionieren, die die Kunden abstoßen. Oder?

3. Spannung auflösen

Wenn Sie den Leidensdruck Ihres Kunden aufgedeckt haben, wollen Sie ihm auch eine Lösung anbieten, also die Spannung auflösen.

Zeigen Sie ihm, dass Sie helfen können, indem Sie ihm zu genau seinem Thema eine Lösung anbieten, zum Beispiel: „Ich helfe durch …" oder: „Ich bringe Menschen dazu …" oder: „Meine Kunden schaffen es in sieben Sekunden, jeden zu überzeugen." Sie können es auch allgemeiner halten und sagen, Sie fänden es klasse, wenn Ihre Mitarbeiter wie ein positiver und nicht wie ein negativer Magnet wirken würden.

4. Impuls setzen

Nachdem Sie den Leidensdruck aufgebaut und wieder abgebaut haben, kommt jetzt der Punkt des Folgeimpulses. Denn Sie wollen, dass etwas passiert. Das kann die Frage sein, ob Ihr Kunde Interesse hat, mehr darüber zu erfahren? Will er gerne wissen, wie das funktioniert?

Bieten Sie ein Bonbon an, zum Beispiel: „Ich habe gerade eine Checkliste mit den zehn besten Tipps für einen starken ersten Eindruck zusammengestellt. Möchten Sie die haben?" Glauben Sie mir, da geben mir von 100 Menschen, die ich frage, mehr als 90 ihre Visitenkarte, weil sie neugierig sind auf mehr. Das kann eine Broschüre sein, eine Warenprobe oder was immer es ist, was den anderen interessiert.

Jetzt, da Sie wissen, wie eine Kurzpräsentation aussieht, geht es darum, dass Sie Ihre Kurzpräsentation schreiben. Die Frage ist also: Was macht Sie einzigartig? Wo ist der Leidensdruck Ihrer Kunden? Und denken Sie zurück – das gilt auch im privaten Bereich. Erinnern Sie sich noch an die Traumfrau von der Tankstelle, vor der Sie in Jogginghose und Feinripp dastanden? Da war der Leidensdruck ganz klar: Sie hat jemanden gesucht, der sie nach Hause fährt. Und da hätten Sie genau gewusst, wie Sie diesen Leidensdruck Ihrer Kundin umsetzen können.

Nehmen Sie ein Blatt Papier und einen Stift zur Hand und schreiben Sie eine erste Version Ihres Elevator Pitchs unter Einbeziehung der vier Elemente Information, Spannung aufbauen, Spannung auflösen und Folgeimpuls. Die Version muss nicht perfekt sein, es ist Ihre erste. Auch hier heißt es natürlich: üben, üben, üben. Ein Seminarteilnehmer sagte einmal zu mir: „Nach dem 100. Mal wird es einfach!"

Prima, jetzt sind Sie vorbereitet, wenn Sie gefragt werden: „Und, was machen Sie?"

Es ist übrigens ganz normal, dass Sie mehr als nur einen Elevator Pitch für unterschiedliche Kunden oder unterschiedliche Situationen haben. Und auch, dass Sie vermutlich Ihre Kurzpräsentation regelmäßig optimieren und neu formulieren.

Jetzt schauen wir uns den Elevator Pitch eines Unternehmens an. Bedenken Sie bitte eines: Es geht nicht nur um Ihren persönlichen Elevator Pitch, sondern auch um die Kurzvorstellung eines jeden Ihrer Mitarbeiter Ihres Unternehmens. Wenn Sie zum Beispiel ein Malerunternehmen haben, ist es wichtig, dass Sie eine gute Präsentation haben. Auf die Frage „Was macht Sie denn so besonders?" zu antworten: „Ich bin Maler.", ist nicht wirklich spannend. Es ist auch kein Alleinstellungsmerkmal. Sie müssen aus der Kundensicht Ihres Unternehmens Ihr Alleinstellungsmerkmal definieren und den Leidensdruck Ihrer Kunden identifizieren. Jedoch müssen Sie Ihre Erkenntnisse auch an Ihre Mitarbeiter weitergeben. Bleiben wir bei dem Malerbeispiel. Was bringt es Ihnen, wenn Sie einen glänzenden Eindruck hinterlassen, der Kunde erteilt Ihnen den Auftrag und sobald der erste Ihrer Mitarbeiter zum Malern in die Wohnung kommt, wird dieser erste Eindruck durch den zweiten Eindruck dermaßen versaut, dass der Kunde Sie anruft und sagt, er habe es sich doch anders überlegt. Oder noch schlimmer: Er spricht mit anderen über diese Erfahrung. Denn das Letzte, was Sie wollen, ist ein unzufriedener oder verunsicherter Kunde, der auch noch negative Werbung für Sie macht.

Als Unternehmer gehört es also zu Ihrer Verantwortung, dass Sie einen Elevator Pitch oder sogar mehrere Kurzvorstellungen je nach Situation und Produkt für Ihr Unternehmen und damit auch für Ihre Mitarbeiter erarbeiten. Am besten ist es natürlich, Sie erarbeiten das mit Ihren Mitarbeitern. Ihre Mitarbeiter sollen die Präsentation später nicht ablesen, sondern in eigenen Worten wiedergeben. Wenn Sie als Unternehmer jedoch nicht die Eckdaten festlegen, wird jeder Ihrer Mitarbeiter etwas anderes erzählen. Machen Sie den Test: Fragen Sie Ihre Mitarbeiter oder Kollegen danach, was Ihre Firma macht. Ich verspreche Ihnen, dass Sie elf verschiedene Antworten hören, wenn Sie mit zehn Menschen sprechen. Wie würden Sie sich jetzt als Kunde fühlen?

Ich möchte mir mit Ihnen gemeinsam noch ein paar Details anschauen und für einen guten ersten Eindruck Ihres Unternehmens oder Ihres Handwerks sorgen. Nehmen wir als Beispiel ein Ladengeschäft. Wenn Sie ein Ladengeschäft haben, dann haben Sie wahrscheinlich auch schon viel Geld in Marketing und Werbung investiert. Sie haben tolle Broschüren drucken lassen. Sie haben ein komplettes Werbekonzept erarbeitet. Und Sie haben sich über Ihren Elevator Pitch und Ihr erstes Auftreten Gedanken gemacht. Nur bedauerlicherweise haben Sie die Kleinigkeit vergessen – das mit Ihrem Personal zu besprechen. Was meine ich damit? Der erste Auftritt Ihrer Mitarbeiter ist der entscheidende. Dieser erste Eindruck wirbt für Ihr Unternehmen. Ich habe das selbst bei einem großen Telefonanbieter erlebt, der sicher mehrstellige Millionenbeträge für seine Werbekampagnen ausgibt – immerhin tragen die Mitarbeiter dort Hemden mit Firmenlogos. Ich ging in den Laden und stellte ein paar Fragen zu dem, was in der aktuellen Werbung gerade beworben wurde. Als klassische Antwort bekam ich zu hören: „Keine Ahnung, da müssen Sie bitte die Zentrale anrufen." Mit großer Sicherheit werde ich weder die Zentrale anrufen noch irgendetwas kaufen. Und schon gar nicht muss ich überhaupt irgendetwas – außer vielleicht zur Konkurrenz gehen.

Und oftmals ist es gerade bei kleinen Unternehmen oder auch in Ladengeschäften so, dass die Kleidung und das Auftreten des Personals noch nicht einmal zu dem passen, was sie verkaufen.

Gerade bei dem ersten Eindruck ist es doch sehr wichtig, dass wir spannend für die anderen sind. Sie wollen Ihre Kunden weder langweilen noch verschrecken. Sie möchten, dass die Kunden dieses spezielle Merkmal, diese Einzigartigkeit, mit Ihnen in Verbindung bringen. Sie müssen in dem, was für Ihren Kunden wichtig ist, besser sein als Ihr Kunde erwarten würde – spritziger, spannender. Kommen wir noch einmal auf das Beispiel mit dem Malerunternehmen zurück: Die Kleidung der Maler ist in der Regel vermutlich weiß, wird jedoch im Laufe der Zeit Farbkleckse bekommen. Dann könnten sich die Maler zum Beispiel auch gleich auf die neue Kleidung direkt über dem Herzen einen großen, roten Farbklecks anbringen lassen. Daran werden sich die Kunden nämlich immer erinnern. Wenn die Kunden von dieser Malerfirma sprechen, werden sie sagen: „Das sind die, die den Klecks an der richtigen Stelle haben." Es sind oftmals Details, auf die wir achten und die uns im Hinterkopf bleiben. Und bitte überlegen Sie immer aus Kundensicht.

Nehmen wir eine Arztpraxis. Bei einer Arztpraxis denken wir an weiß und unter Umständen auch an steril. Ich kenne viele Arztpraxen, die sind so steril – wenn ich die Praxis betrete, weiß ich nicht, ob ich gerade in einer gekachelten Arztpraxis oder am Eingang zum Schlachthaus bin. Aber steril sollte doch nicht das sein, was Ihre Patienten (Ihre Kunden) über Ihre Praxis denken. Ihre Patienten sollen Sie als Arzt und Ihre Mitarbeiter loben und weiterempfehlen. Ihre Patienten stehen im Vordergrund, nicht die Sterilität der Praxis. Es geht darum, den Kunden die Angst zu nehmen und freundlich zu sein. Und eine freundliche Begrüßung ist in den meisten Arztpraxen bedauerlicherweise noch Mangelware. Die Mitarbeiter des Arztes denken häufig, dass der Patient sowieso kommen muss, weil er (im wahrsten Sinne des Wortes) einen Leidensdruck hat. Deshalb ist es ihnen vielleicht egal, wie sie die Patienten behandeln. Dann jedoch werden auch Ärzte das erleben, was andere Branchen schon lange mitbekommen, nämlich dass sie nicht die einzigen im Ort sind.

Fragen Sie sich also immer: Was erwartet mein Kunde von mir? Was hätten Sie als Kunde gerne?

Sind Sie beispielsweise ein Zahnarzt? Dann erwartet der Kunde, dass er seine Zahnschmerzen loswird oder seine Zahnfehlstellung korrigiert wird. Er erwartet jedoch auch, dass das möglichst freundlich und schmerzfrei geschieht. Stellen Sie sich folgende Situation vor: Sie haben starke Zahnschmerzen haben, gehen zum Zahnarzt und stehen an der Rezeption, die im Moment nicht besetzt ist. Die Arzthelferin kommt aus einem der Behandlungszimmer, in dem sie offensichtlich gerade mit dem Arzt in einer Behandlung war. Sie trägt, wie bei Zahnärzten oftmals üblich, eine weiße Behandlungsschürze und auf dieser weißen Schürze sind deutliche Blutspritzer. Gleichzeitig hören Sie, dass im Behandlungszimmer offensichtlich mit einem feinen Fiepen der Bohrer läuft. Möglicherweise überlegen Sie jetzt, ob Sie nicht doch lieber den Schmerz noch für ein bis zwei Stunden aushalten und stattdessen einen Kollegen dieses Arztes aufsuchen wollen.

Angenommen aber, Sie haben an all das in Ihrem Geschäft gedacht. Sie und Ihre Mitarbeiter sind bestens vorbereitet, verhalten sich freundlich und denken stets aus Sicht des Kunden. Und jetzt passiert Folgendes: Der Kunde ist bei Ihnen und hat ein dringendes Bedürfnis – er fragt nach der Toilette.

Wenn Sie Zeit haben, probieren Sie das gern in zehn Einzelhandelsgeschäften aus. Sie werden die tollsten Dinge erleben. Denn in der Regel müssen Sie auf dem Weg zur Toilette an Lagerware, Verpackungsmaterialien, oftmals auch Müllsäcken vorbei, um dann einen Raum vorzufinden, bei dem Sie sich nicht sicher sind, ob Sie sich Ihr Bedürfnis nicht doch noch eine halbe Stunde verkneifen können.

Natürlich gibt es in vielen Fällen auch die klare Aussage: „Ein Klo für Kunden? Das gibt es bei uns nicht."

Glauben Sie wirklich, dass dieser Kunde, der jetzt woanders hingeht, um eine Toilette zu finden, nochmals zu Ihnen zurückkommt? Denken Sie doch einmal darüber nach, ob Sie vielleicht die Möglichkeit hätten, ein kleines, feines Alleinstellungsmerkmal gegenüber Ihren Mitbewerbern zu bekommen? Der erste Eindruck hat auch etwas mit Corporate Image und einem gemeinsamen

Unternehmensauftritt zu tun. Es ist wichtig, dass Sie als Unternehmer klar definiert haben, wie Ihr Unternehmen auftreten soll, und dass Sie dies mit Ihren Mitarbeitern teilen und Ihren Unternehmensauftritt entsprechend auch in den Werbematerialien und in jeder Form Ihrer Unternehmenskommunikation (also auch in Pressemitteilungen und dergleichen) umsetzen. Das geht bis ins Detail und eben auch bis auf die berühmte Toilette.

Wenn Sie sich fragen, was hat der Elevator Pitch mit meinem ersten Eindruck zu tun, sollten wir die Frage vielleicht andersherum stellen?

Was hat der erste Eindruck mit dem Elevator Pitch zu tun?

Der erste Eindruck, den Sie hinterlassen, ist der Beginn Ihres Elevator Pitchs. Die Fragen, die wir oben durchgegangen sind für Ihren Elevator Pitch, sind genau die Fragen, die zur Antwort auf die Frage führen, wie Ihr erster Eindruck aussehen soll. Das ist der entscheidende Punkt.

Das Thema Elevator Pitch hat viel mit Strategie zu tun. Ich weiß aus eigener Erfahrung, dass gerade beim Thema Strategie viele Kleinunternehmer abwinken. Ich finde den Begriff Kleinunternehmer übrigens unfair. Denn für mich gibt es keine kleinen Unternehmer. Jemand, der Unternehmer ist, der ist alles andere als klein. Denn er übernimmt die Verantwortung für sich und seine Mitarbeiter und seine Kunden. Doch ich habe festgestellt, dass gerade kleine und mittelständische Unternehmen oftmals glauben, für Strategie keine Zeit zu haben oder sie nicht zu brauchen. Sie sind der Meinung, es sei ausreichend, ihre Strategie zu entwickeln, während sie arbeiten. Das mag bisher ganz gut funktioniert haben. Doch Sinn dieses Kapitels ist nicht festzustellen, dass etwas „ganz gut" funktioniert (in der Hoffnung, dass es bei Ihnen Dinge gibt, die „ganz gut" funktionieren), sondern zu überlegen und zu lernen, was Sie in Zukunft besser machen können. Und hier spielt das Thema Strategie eine sehr wichtige Rolle. Strategie hat nichts damit zu tun, dass Sie jetzt für viel Geld einen Unternehmensberater anstellen, der Ihnen nachher auch nichts anderes erzählt als das, was Sie ohnehin schon wussten.

Scherz beiseite. Natürlich können Unternehmensberater sinnvoll sein. Nur gibt es sie in der Regel nicht für die kleineren und mittelständischen Unternehmen und auch weniger für die Handwerker. In vielen Fällen sind Sie selbst als Unternehmer der Unternehmensberater, denn Sie kennen Ihren Markt und Ihre Kunden. Auf dieser Basis können Sie eine Strategie entwickeln. Bitte lassen Sie sich von dem Wort „Strategie" nicht erschrecken oder abhalten.

Strategie bedeutet nichts anderes, als sich zu fragen: Was kann ich? Wem erzähle ich davon?
Es geht um Strategie im Verkaufssinn. Und wenn Sie denken, dass Sie für die Strategie keine Zeit haben, lassen Sie mich Ihnen eine Geschichte erzählen:

Ein Mann sägt im Wald einen Baum. Da kommt ein Spaziergänger vorbei, der den Mann sägen sieht, und stellt fest, die Säge ist total stumpf. Der Spaziergänger sagt: „Guter Mann, schärfen Sie doch mal Ihre Säge." Und der Waldarbeiter sagt: „Ich habe keine Zeit, die Säge zu schärfen. Ich muss hier den Baum durchsägen."

Genau das ist der Fall, wenn Sie sagen, ich habe keine Zeit, mich um Strategie zu kümmern. Oder wie Mark Twain gesagt hat: „Nachdem wir unser Ziel aus den Augen verloren haben, haben wir unsere Anstrengungen verdoppelt."

Übrigens höre ich Ähnliches auch, wenn es um den ersten Eindruck geht.:

„Ja, der Erste Eindruck, ist wichtig, aber ich habe keine Zeit daran zu arbeiten. Ich habe keine Zeit, mich hinzusetzen und mir aufzuschreiben, wie ich beim Kunden wirken will." Denken Sie an die stumpfe Säge!

Ihr Elevator Pitch und Ihr erster Eindruck sind wichtige Elemente Ihrer Strategie und Ihres Unternehmensauftritts. In einer Untersuchung von 700 Betrieben in 40 verschiedenen Branchen wurden die Kunden gefragt, warum sie nicht wiederkommen.

Sind Sie neugierig auf die Ergebnisse?

2 % sind deswegen nicht wiedergekommen, weil sie gestorben sind.

10 %, weil sie umgezogen sind.

18 %, weil sie neue Gewohnheiten entwickelt haben.

Und jetzt kommt es …

70 % sind aufgrund unfreundlicher oder desinteressierter Bedienung nicht mehr wiedergekommen.

Als Unternehmer wissen Sie bereits, dass die teuerste Phase bei einem Kunden die Phase ist, in der Sie den Kunden gewinnen. Das meiste Geld haben Sie also dann bereits ausgegeben. Und dann sorgen Sie (oder Ihre Mitarbeiter) mit Ihrem ersten Eindruck dafür, dass 70 % Ihrer Kunden nicht wiederkommen? Verstehen Sie jetzt warum das Thema „erster Eindruck" für Sie, Ihr Unternehmen und alle Ihre Mitarbeiter so ein heißes Thema ist?

Ich habe Ihnen gezeigt, welche Elemente im Elevator Pitch wichtig sind und wie Sie herausfinden können, was Sie von anderen unterscheidet und was Sie besonders macht. Und Sie wissen jetzt, wie es Ihnen gelingt, in 60 Sekunden (also in der Zeit einer Aufzugsfahrt) andere so neugierig zu machen, dass sie mehr erreichen wollen und was das mit Ihrem Unternehmen zu tun hat.

ETIKETTE

In diesem Kapitel – sowie auch im Kapitel zum Thema Kleidung – geht es jetzt mehr um die „Pflicht", weniger um die „Kür". Denn gute Umgangsformen sollten die Basis für jeden Menschen sein. Und mit schlechten Umgangsformen können Sie vieles kaputt machen, das Sie sich zuvor aufgebaut haben. Denn in ein Fettnäpfchen zu treten, hinterlässt meist einen schlechten (ersten) Eindruck.

Worum geht es also bei der Etikette?

Ich werde Ihnen anhand von ein paar Beispielen zeigen wie Sie mit guter Etikette, guten Umgangsformen und Respekt für den anderen dafür sorgen, dass das, was von Ihnen in Erinnerung bleibt, Ihr positiver Eindruck und nicht das letzte Fettnäpfchen ist.

Erinnern Sie sich an Julia Roberts in dem Film „Pretty Woman"? Und an den feinen distinguierten älteren Herren, der ihr einen Crashkurs in Etikette gibt? Dieser Herr bin jetzt ich. Ich sehe nicht so aus, aber Sie bekommen trotzdem einen Crashkurs in Etikette. Und wenn Sie einer von denen sind, die glauben, bereits alles zu wissen, betrachten Sie dieses Kapitel einfach als Auffrischung. Es wird Ihnen nicht schaden. Denn gerade im Bereich Etikette, oder auch Knigge, entscheidet sich oftmals der erste Eindruck.

Umgangsformen sind keine Regeln, das sind Empfehlungen. Denn es wäre ein Widerspruch, im Bereich Etikette über Regeln zu sprechen. Etikette hat sehr viel mit Respekt zu tun. Und das heißt natürlich auch, dass wir anderen Menschen zugestehen, das zu tun was sie für richtig halten. Deshalb steht es auch niemandem zu, Ihnen Regeln aufzuerlegen.

Noch ein paar Worte übrigens zum alten Herrn Knigge, der das erste Benimmbuch geschrieben hat. (Das ist übrigens ein super Small-Talk-Thema, was ich Ihnen jetzt erzähle): Adolf Freiherr Knigge – genau, kein „von" Knigge, auch wenn er adlig war. Das wissen die meisten Etikette-Trainer selbst nicht. Dieser Herr Knigge hat ein Buch geschrieben über den Umgang mit Menschen, bei dem es ihm um die Ideale der Aufklärung ging und nicht darum, wie der korrekte Handkuss aussieht. Das Thema Umgangsformen belegt in seinem Buch im Übrigen so ungefähr anderthalb Seiten. Aber trotzdem muss sein Name seit jeher als Synonym für gutes Benehmen herhalten. Vermutlich rotiert er jedes Mal im Grab, wenn ein neues Buch zum Thema Umgangsformen herauskommt und Knigge auf dem Einband steht.

Genug des Small Talks – zurück zur Etikette.

Die Umgangsformentipps, die Sie hier bekommen, sind reine Empfehlungen und ob Sie sie annehmen oder nicht, das entscheiden Sie selbst. Sie müssen jedoch auch mit den Konsequenzen leben. Das ist im Übrigen einer der wenigen Fälle, in dem ich der Meinung bin, dass das Wort „müssen", das wir vorher von unserer Wörterliste gestrichen haben, auch wirklich berechtigt ist. Ich glaube, dass in diesem Fall „müssen" tatsächlich richtig ist, denn es geht nicht um eine Entscheidung. Es geht hier um ein Naturgesetz, dass Sie mit den Konsequenzen Ihres Verhaltens leben müssen.

Um Ihnen die Etikette am besten zu verdeutlichen, gestalten wir dieses Kapitel am besten interaktiv. Das heißt, ich stelle Ihnen eine Frage, lasse Ihnen eine gewisse Zeit zum Nachdenken und dann gebe ich Ihnen eine Empfehlung.

Hierbei handelt es sich um die Empfehlung, die auch der Ausschuss „Umgangsformen International" (AUI) empfiehlt (klingt mächtig kompliziert, oder?). Der AUI ist die Gruppe von Experten, die die offiziellen Empfehlungen für den deutschsprachigen Raum in Sachen Etikette und Umgangsformen herausgibt.

Bei Etikette geht es um das Thema Respekt und Wertschätzung.

Ich denke, wir sind uns einig, dass jeder Mensch jeden anderen Menschen respektieren soll.

Deshalb brauchen wir für die Etikette-Empfehlungen ein System, um zu verstehen, wer wem in welcher Situation welche Höflichkeit erweist. Hierfür verwenden wir das sogenannte Krönchen-Konzept. Indem wir uns die Frage stellen, wer trägt das symbolische Krönchen?

(Echte Krönchen sind ja schon seit einiger Zeit aus der Mode.)

Klingt noch recht theoretisch? Dann fangen wir mit dem ersten Beispiel an:

Wohlerzogene Herren halten wohlerzogenen Damen (im privaten Umfeld) bekanntermaßen die Tür auf. Die Dame hat also das symbolische Krönchen auf.

Dieses gedankliche Bild ist sehr hilfreich bei vielen Fragen, die die Etikette betreffen.

Und wie wissen wir, wer jeweils das Krönchen trägt? Also …

Im beruflichen Umfeld

* hat der Kunde das Krönchen auf
* hat der hierarchisch Höhere das Krönchen auf

und zwar in dieser Reihenfolge!

Begegnet also der Vorstand eines Unternehmens einem Angestellten des KUNDENunternehmens, so trägt der Angestellte (Kunde!) das Krönchen.

Begegnet der Vorstand eines Unternehmens einem Angestellten des eigenen Unternehmens, so trägt der Vorstand (Hierarchie!) das Krönchen.

Und was ist mit den „Damen" oder dem Alter?

Im beruflichen Kontext spielen weder das Geschlecht noch das Alter eine Rolle bei den Umgangsformen-Empfehlungen. Wir leben in einer Zeit und Kultur, in denen es wichtig ist, dass niemand aufgrund seines Geschlechts oder seines Alters im Beruf diskriminiert (oder bevorzugt) wird. Das gilt natürlich auch für die Umgangsformen.

Spielt der „Faktor Dame" also keine Rolle mehr? Doch:

Im privaten Umfeld

- hat die „Dame" das Krönchen auf
- hat die/der Ältere (mind. eine Generation Altersunterschied!) das Krönchen auf

und zwar ebenfalls in dieser Reihenfolge!

Testen wir das an ein paar Beispielen:

Schon beim Thema Begrüßung können Sie einen starken ersten Eindruck hinterlassen – oder eben auch das Gegenteil.

Denn es gilt: Der „Krönchenträger" wird gegrüßt, der dann entscheidet, ob er/sie die Hand ausstreckt.

Nehmen wir also mal an, Sie (als Frau Abteilungsleiterin) begegnen morgens dem Herrn Direktor auf dem Gang. Wer grüßt wen?

Überlegen Sie jetzt bitte kurz: Wer hat hier das Krönchen auf?

Es gibt keinen Kunden. Also gilt die Hierarchie, deshalb hat der Herr Direktor das Krönchen auf.

Sie (als Frau Abteilungsleiterin) begrüßen den Herrn Direktor also zuerst.
Und dann kann der Herr Direktor entscheiden, ob er der Abteilungsleiterin die Hand reichen möchte oder nicht.

Aber hätte nicht die Abteilungsleiterin als Dame das Krönchen auf und würde damit als Erste gegrüßt? Nein, denn wir sind im beruflichen Kontext und da spielt das Geschlecht keine Rolle.

Wie sieht das nun im Privaten aus? Denn hier gilt, dass die Damen das Krönchen tragen.

Begegnet der Herr Direktor der Frau Abteilungsleiterin auf einer privaten Party, dann grüßt er sie zuerst.
Und sie entscheidet dann, ob sie ihm die Hand reichen möchte.

Das ist natürlich eine reine Empfehlung. Es gibt keine Gesetze für gutes Benehmen. Doch welche Folgen es haben könnte, wenn die Empfehlungen ignoriert werden, können Sie sich selbst ausmalen.

Und welche Folgen es haben könnte, wenn sie ihm nicht die Hand reicht und ihm am nächsten Morgen wieder im beruflichen Umfeld begegnet – das lassen wir jetzt ebenfalls außen vor.

Bei der Begrüßung gibt es noch eine „Sonderregel" – die Gastgeberregel.
Sie besagt, dass Gastgeberinnen/Gastgeber unabhängig vom Krönchen zuerst grüßen und auch die Hand ausstrecken.

Wenn Sie also jemanden in Ihrem Unternehmen oder bei Ihnen zu Hause empfangen, dann sind Sie Gastgeberin/Gastgeber und dann gilt diese Regel für Sie.

Auch dazu ein Beispiel:

Sie, als Vertreter Ihres Unternehmens, empfangen den Direktor eines Kundenunternehmens, der seine Sekretärin mitgebracht hat. Die beiden kommen also zu Ihnen in die Firma. Sie stehen im Eingang und warten. Wer reicht denn jetzt wem zuerst die Hand?

In diesem Fall grüßen Sie und strecken auch die Hand zuerst aus, denn hier gilt die „Gastgeberregel".

Wen grüßen Sie zuerst? Den Direktor Ihres Kundenunternehmens.
Denn es handelt sich um ein berufliches Treffen und hier zählt die hierarchische Rangfolge.

Und weil wir gerade beim Thema „Hand hinstrecken" sind, gebe ich Ihnen noch ein kleines Fettnäpfchen-Beispiel: Ich erlebe es bedauerlicherweise auch, dass beispielsweise bei einer privaten Einladung, die Hand zuerst dem Mann entgegengestreckt wird (und nicht der Dame). Woraufhin dieser die hingestreckte Hand mit den Worten „Bitte erst die Dame" ignoriert. Peinlich, oder?

Wichtig! In Sachen Etikette gilt grundsätzlich: Bitte stellen Sie niemals einen anderen Menschen bloß. Wenn Sie merken, dass ein anderer eine Umgangsformen-Empfehlung aus Ihrer Sicht missachtet hat, so blicken Sie großzügig darüber hinweg. Und blamieren Sie ihn bitte nicht – schon gar nicht, wenn andere anwesend sind.

Im oben genannten Beispiel würden Sie als Mann natürlich die angebotene Hand entgegennehmen und schütteln (auch wenn korrekterweise zuerst die Dame an der Reihe wäre).

Eine Frage, die mir auch oft gestellt wird:
„Wo geht denn der Herr, wenn er mit einer Dame unterwegs ist?"

Früher galt, dass der Herr auf der linken Seite der Dame geht. Wissen Sie, warum? Damit er die Dame nicht verletzte, falls er seinen Degen zur Verteidigung der Dame zücken musste.

Nachdem das Tragen von Degen mittlerweile etwas aus der Mode gekommen ist, empfiehlt es sich heute, auf der „gefährlicheren Seite" zu gehen. Zum Beispiel an einer Straße. Liegt die Straße von Ihnen als Herr aus gesehen rechts, dann gehen Sie auf der rechten Seite, ansonsten links.

Sollte keine Gefährdung auszumachen sein, dann schlage ich Ihnen vor, als Herr weiterhin links von der Dame zu gehen.

Wie ist das mit Türen? Wer geht zuerst hindurch?

Ganz klar, diejenige oder derjenige mit dem Krönchen geht zuerst hindurch.

Und wie ist das mit Treppen? Wer geht zuerst hinauf? Wer geht zuerst herunter?

Nun, die diplomatischste Antwort im Privatleben wäre natürlich: neben der Dame. Denn damit hätten Sie weder das Problem, dass Sie eventuell bei zu kurzem Rock etwas sehen könnten, das Sie nicht sehen sollten, noch, dass Sie die Dame nicht auffangen könnten, falls Sie stolpert.

Und genau aus letzterem Grund geht der Herr die Treppe hinauf hinter der Dame und die Treppe hinunter vor der Dame, um sie jederzeit ritterlich aufzufangen. Und wenn Sie als Herr stolpern? Tja, dann haben Sie schlicht und einfach Pech gehabt.

Im übertragenen Sinn gilt dies übrigens auch im Berufsleben: Wer das Krönchen trägt (also Kunde oder Chef), geht zuerst die Treppe hinauf und zuletzt herunter. (Hier sehen Sie, dass die Begründung des Auffangens eher symbolischen Charakter hat.)

Machen wir einen kleinen Schwenk zum Thema „Blumen". Blumen können bei Ihrem ersten Eindruck durchaus eine Rolle spielen. Wenn Sie zum Beispiel zu einer Einladung einen Strauß mitbringen. Was machen Sie denn mit dem Papier?

Im deutschsprachigen Raum empfiehlt es sich, die Blumen vor dem Klingeln auszupacken. In Klarsichtfolie verpackte Blumen sind davon die Ausnahme.
Das Papier wickeln Sie unten um die Blumen, damit die Hände der Gastgeberin, die ja in der Regel die Blumen erhält, auch trocken bleiben.
Und noch ein Beispiel, das nach meiner Erfahrung 90 % der Menschen „falsch"

machen: Sie gehen als Mann mit Ihrer Frau und deren Mutter, also Ihrer Schwiegermutter, ins Restaurant.

Ich weiß, in dem Moment tritt Ihnen bereits der Schweiß auf die Stirn, wenn Sie „Schwiegermutter" hören. Nein, ganz im Ernst: Wer betritt denn nun das Restaurant zuerst? Was würden Sie sagen? Bitte überlegen Sie kurz.

Na, was war Ihre Antwort?

Rein nach dem Krönchenkonzept würde gelten:

- privates Umfeld, also trägt eine der Damen das Krönchen.
- eine Generation Unterschied zwischen den Damen. Also trägt die Schwiegermutter das Krönchen.

Die Schwiegermutter würde also normalerweise zuerst durch die Tür treten. Dennoch betritt ein wohlerzogener Herr das Restaurant zuerst. Warum?

Nun, zu der Zeit als es in Restaurants noch weniger gesittet zuging, bestand jederzeit das Risiko, dass dort gerade eine kräftige Schlägerei im Gange war.
Der Herr checkt daher erst einmal die Lage. Nein, nicht um mitzumachen, sondern um Gefahren für die Damen abzuwenden. Und wie geht es weiter?

Sie stehen mit Ihrer Frau und Ihrer Schwiegermutter jetzt im Eingang des Restaurants und nehmen den beiden den Mantel ab. Zuerst der Schwiegermutter. Sie trägt das Krönchen, da sie als die ältere Dame im privaten Bereich die Ranghöchste ist.

In einem guten Restaurant kommt bereits der Kellner und bringt Sie alle zum Tisch. In diesem Fall geht dann der Kellner oder auch die Kellnerin vor, danach folgen die Schwiegermutter, die Frau und den Abschluss bildet der Herr.

Sofern kein Kellner Sie begleitet, geht der Herr vor zum Tisch. Eventuell mit den Worten: „Darf ich zum Tisch vorgehen?" Am Tisch wartet der Herr natürlich bis die beiden Damen sitzen und hilft Ihnen beim Heranrücken der Stühle.

Da wir uns nun schon mit dem Thema „Essen und Trinken" beschäftigen:

Nehmen wir an, Ihre Firma hat eingeladen und die Mitarbeiter mit jeweiligem Lebenspartner oder Ehepartner sind vom Chef und seiner Frau eingeladen worden. Wer trinkt denn nun zuerst?

Der erste, der sein Glas erhebt, ist der Chef. Er ist Gastgeber und damit Ranghöchster der Tafel. Wenn es eine Chefin ist, natürlich die Chefin.

Das heißt, dass niemand etwas trinken sollte, bis Chef/Chefin (privates Umfeld: Gastgeber/Gastgeberin) das Glas erhoben hat.
Wasser ist davon glücklicherweise ausgenommen.

Und wer beginnt zuerst zu essen? Im beruflichen Umfeld der Gastgebende, im privaten Umfeld die Gastgeberin (falls es eine gibt, sonst der Gastgeber).
Wichtig: Bitte erst dann beginnen, wenn alle ihr Essen vor sich stehen haben.

Natürlich können Sie bei all diesen Empfehlungen nur hoffen, dass dies Gastgeberin und Gastgeber wissen, denn sonst kann es Ihnen passieren, dass Sie ganz schön lange auf dem Trockenen sitzen oder verhungern, bevor es richtig losgeht.

Und weil wir immer noch beim Thema Essen sind, nutzen wir das doch für ein paar knifflige Fragen: Was machen Sie mit dem Besteck, sobald Sie es in die Hand genommen haben? Wo legen Sie es ab?

Hier gibt es die Grundregel, wonach ein einmal in die Hand genommenes Besteck das Tischtuch nicht mehr berührt – und das bezieht sich nicht nur auf die Schneide und die Zinken, sondern auch auf den Griff. Wenn Sie also Ihr Besteck in die Hand genommen haben, dann legen Sie es nur noch auf dem Teller ab.

Keinesfalls so, dass der Griff auf dem Tisch liegt.
Denn so könnte es verrutschen oder Soße daran herunterlaufen.

Da fällt mir noch eine Sache ein: Was Julia Roberts im Film „Pretty Woman" ein wenig aus dem Konzept gebracht hat, waren die vielen Besteckteile und die Gläser neben ihrem Teller. In welcher Reihenfolge benutzen Sie die?

Hier ist die Empfehlung glücklicherweise ganz einfach: immer von außen nach innen.

Noch ein Fettnäpfchen:
Die Zahnstocher auf dem Tisch stehen übrigens dort, damit Sie sich einen nehmen, um damit dezent auf die Toilette zu verschwinden. Der Einsatz dieses „Werkzeugs" bei Tisch ist nämlich für alle anderen kein schöner Anblick.
Das Gleiche gilt übrigens auch für sämtliche „Aufhübschungsmaßnahmen": Lippenstift nachziehen, Lipgloss erneuern, Make-up auffrischen und sämtliche sonstige Restaurationsversuche haben am Tisch nichts verloren.

Zurück ins geschäftliche Umfeld zu einer Frage, die ich auch oft in meinen Seminaren gestellt bekomme: Was mache ich mit meinem Mobiltelefon bei einer Besprechung oder einem Essen?

Streng nach Etikette-Empfehlung machen Sie bei einem Geschäftsessen dasselbe mit Ihrem Handy wie bei einer privaten Einladung: Sie schalten es aus und lassen es in der Tasche.

Das gilt auch bei Besprechungen. Denn ein Mobiltelefon auf dem Tisch signalisiert, dass es etwas geben könnte, das wichtiger ist als Ihr Gesprächspartner.

Noch ein Tipp in Sachen Visitenkarten:

Wenn Sie eine Visitenkarte erhalten haben, stecken Sie diese bitte nicht achtlos in Ihre Gesäßtasche. Werfen Sie einen Blick darauf, verlieren Sie ein Kompliment oder einen kleinen Spruch über die Gestaltung der Visitenkarte. Einen positiven Spruch natürlich, keinen zynischen, auch wenn die Visitenkarte aus dem Automaten um die Ecke stammt. Stecken Sie die Visitenkarte dann in Ihren Geldbeutel oder in Ihre Jackentasche. So wie Sie die überreichte Visitenkarte behandeln, so fühlt sich Ihr Gegenüber auch von Ihnen behandelt.

Das ist im Übrigen, wenn Sie einmal nach Asien kommen, eine der entscheidenden Grundregeln: Nehmen Sie niemals die Visitenkarte eines asiatischen Geschäftspartners und stecken Sie sie einfach weg, denn das wäre das Ende einer möglichen Freundschaft.

Sie sehen, das Thema „Etikette" hat viel mit Respekt zu tun.

Zum Abschluss noch einmal DIE Etikette-Empfehlung schlechthin:
Hüte Dich, miserable Manieren mit miserablen Manieren zu vergelten!

Bei Fragen zu Umgangsformen schicken Sie mir gerne eine E-Mail an: fragen@ alexanderplath.com

KLEIDUNG

In diesem Kapitel geht es um Kleidung, denn mit einer unpassenden Kleidung können Sie bereits viel gut machen oder eben auch viel vernichten, noch bevor Sie die Chance haben, auf eine andere Weise einen Eindruck zu hinterlassen. Worauf achten Sie zuerst und worauf achten die anderen bei Ihnen zuerst. Was ist bei Kleidung wichtig und vor allem, welche Kleidung erwartet denn der Kunde speziell bei Ihnen – speziell bei dem, was Sie anbieten?

Auch wenn wir uns in diesem Kapitel hauptsächlich mit der Kleidung im Geschäftsleben, also Hemd und Anzug, beschäftigen, gilt das, was Sie hier lesen, grundsätzlich auch für alle Berufe und Lebensbereiche. Denn die grundsätzlichen Überlegungen gelten für alle Geschäfte und sogar für das Privatleben.

Übung:

Worauf achten Sie zuerst, wenn Ihnen ein fremder Mensch begegnet? Hinsichtlich Auftreten und Kleidung?
Bitte überlegen Sie für ein bis zwei Minuten und schreiben Sie Ihre Ergebnisse auf. Lesen Sie bitte erst dann weiter.

Fertig?

Ich weiß nicht, was auf Ihrer Liste steht, ich bin mir jedoch relativ sicher, dass das, was ich auf meiner Liste habe, sich in vielen Punkten mit dem deckt, was Sie aufgeschrieben haben. Und als eine der ersten Sachen bei der Kleidung, werden oftmals die Schuhe genannt. Es geht gar nicht um die Art der Schuhe, sondern vor allem um den Pflegezustand. Oder wie eine ziemlich fesche Frau einmal in einem Training zu mir gesagt hat: „Ich schaue bei Männern immer zuerst auf die Schuhe, weil ich gelernt habe, so wie die Männer Ihre Schuhe behandeln, so behandeln sie mich auch." Ich glaube in dem Fall, hätte ich meine Schuhe gerne immer auf Hochglanz poliert gehabt und mit frischen und neuen Absätzen. Denn sonst wäre ich mit meinem ersten Eindruck bei dieser Dame bereits durchgefallen, bevor sie mir in die Augen schauen kann oder ich ihr.

Als Zweites werden oftmals die Hände und die Fingernägel genannt. Und auch hier geht es um Pflege und um Sauberkeit. Der berühmte wirkliche Pflegezustand ist übrigens ein Punkt der für die gesamte Erscheinung in der Regel zuerst genannt wird. Dazu zählen auch Dinge wie das Haar und die Haarpflege. Gar nicht so sehr die Haarlänge, wobei natürlich auch diese einen Einfluss auf den ersten Eindruck hat. Denn in unserem Bewertungsraster spielt die Haarlänge natürlich auch eine Rolle. Vor allen Dingen geht es aber darum, wann haben Ihre Haare zum letzten Mal ein Shampoo gesehen und wann haben sie zum letzten Mal einen Friseur gefühlt? Bei den Herren heißt das natürlich auch Rasur. Das heißt nicht, dass Bart nicht okay ist. Ich meine, was soll ich sagen? Ich habe ja selbst einen. Nein, meiner ist nicht wie bei Heidis Großvater, eher so die Latinonummer. Übrigens Haare … das schließt auch die Nase und die Ohren mit ein. Denn die Zeit, als Büschel in den Ohren schick waren, ist nun wirklich seit ein paar Tausend Jahren vorbei. Die Haare auf den Zähnen, die man manchen nachsagt, sind glücklicherweise nicht sichtbar, denn die wären nun wirklich schwierig zu pflegen. Die können Sie natürlich auch bei der Rasur vernachlässigen, sie werden jedoch feststellen, dass die Haare auf den Zähnen durchaus einen enormen Einfluss auf den ersten Eindruck haben. Denn wenn Sie jemanden anblaffen, bevor der überhaupt etwas sagen kann, dann können Sie so gut gekleidet sein, wie Sie wollen, Ihr erster Eindruck ist dahin.

Fangen wir mal unten nach den Schuhen mit den Strümpfen an: Gerade hier für die Herren ein wichtiger Tipp: Wenn Sie geschäftlich unterwegs sind, dann tragen Sie bitte lieber Kniestrümpfe als Socken. Denn wie Karl Lagerfeld, der Modedesigner, es einmal formuliert hat: „Es gibt kaum etwas Schlimmeres als diese zehn Zentimeter unbehaartes, bleiches Männerbein zwischen Ende des Sockens und Anfang der Hose", wenn Sie beispielsweise im Sitzen die Beine übereinanderschlagen. Für die Farbe und das Muster der Strümpfe gilt: möglichst dunkel, zur Hose passend. Dasselbe gilt übrigens auch für Krawatten. Bitte keine

Comics! Nein, nein und nochmals nein! Die Zeit, als Micky Mouse oder Donald Duck auf der Krawatte oder den Strümpfen „in" waren, sind lange vorbei. Und die waren übrigens vermutlich schon lange vorbei, als Sie das letzte Mal Ihre Micky-Mouse–Socken getragen haben. Und bitte tragen Sie auch keine Sandalen mit Socken. Es sei denn, Sie bewerben sich für die Fortsetzung von „Borat – Der Film". Am besten tragen Sie gar keine Sandalen, zumindest nicht im Geschäft. Auch Duft und Schmuck spielen eine Rolle. Bleiben wir beim Duft. Die Frage lautet nicht nur, welcher Duft, sondern auch, welche Menge Duft ist angemessen? Kennen Sie das: Sie stehen vor dem Aufzug, wollen in den 12. Stock, denn da haben Sie einen Termin. Nach kurzem Warten geht die Aufzugtür auf, der Aufzug ist leer … nun ja, fast leer, denn Ihnen schlägt ein Duft entgegen, der eindeutig beweist, dass die Trägerin dieses Parfüms offensichtlich gedacht hat: Viel hilft viel. Kein schlechter Duft, nur ein bisschen zu viel davon. Und das ist der Moment, in dem Sie entscheiden, dass zwölf Stockwerke zu Fuß doch viel besser für die Gesundheit sind.

Beim Schmuck gilt übrigens: maximal drei Stücke für den Herrn. Der Ehering ist übrigens schon eins davon, auch wenn viele Männer meinen, das sei kein Schmuckstück. Und bitte, Siegelringe sind okay, wenn Ihre Familie ein Siegel hat, denn sonst werden Sie sofort als Blender eingestuft. Als Blender gelten Sie im Übrigen auch mit dicker Goldkette auf dem Brusttoupet oder der Panzerkette am Arm. Die goldene Rolex lasse ich gerade noch durchgehen, aber bitte nur die echte. Es kann Ihnen jedoch auch passieren, dass Sie direkt als Unternehmer im zwielichtigen Gewerbe angesehen werden. Denn denken Sie daran: Es geht um das Bewertungsmuster, den Filter unserer Kunden.

Bei der Dame gelten sieben Schmuckstücke für angemessen, es sei denn, Sie jobben nebenher noch als Weihnachtsbaum. Zählen wir durch: zwei Ohrringe, eine Kette (das sind schon drei Schmuckstücke), zwei Ringe (fünf Schmuckstücke), eine Uhr (das sind bereits sechs Schmuckstücke) – und mit der Handtasche sind es sieben. Denn, jawoll, auch die Handtasche zählt als Schmuck. Oder wollen Sie mir allen Ernstes erzählen, das Ding hätte einen praktischen Nutzen?

Und beim Schmuck bitte übrigens nichts mit viel Farben und nichts mit Billigoptik. Bei Selbstgebasteltem gilt: Vorsicht, stilvoll sollte es sein.

Auch die Farbe der Kleidung hat einen großen Einfluss. Denn wir assoziieren Kompetenz mit bestimmten Farben und das sind vor allem die Farben Dunkelblau und Grau für die Herren. Bei den Damen kann auch Schwarz mit dazukommen. Schwarz ist bei den Männern allerdings eher etwas nur für abends. Und übrigens: auch wenn der Konfirmationsanzug dunkelblau ist – Kompliment, wenn Sie noch reinpassen, der sollte es aber bitte nicht sein. Braun, Grün und helle Farben werden als weniger kompetent angesehen. Das hat nichts damit zu tun, ob der Träger eines solchen Anzuges wirklich kompetent ist oder nicht. Denn Sie verlieren Ihre Kompetenz nicht, wenn Sie von einem dunkelblauen Anzug in einen hellbraunen wechseln. Es geht hier jedoch um die Wahrnehmung und das Bewertungsraster des Kunden. Aus der Sicht Ihres Gegenübers findet Ihre Bewertung Ihres ersten Eindrucks statt. Übrigens passt natürlich zum dunklen Anzug ein weißes oder ein helles Hemd. Das hat übrigens noch einen Effekt:

Stellen Sie sich einmal das Bild eines Herren im dunklen Anzug mit einem weißen Hemd vor. Das V, das Sie dadurch auf der Brust sehen, erscheint doch nun wie der Kegel eines Scheinwerfers, oder? Und genau das bewirkt das weiße Hemd auch. Es zieht den Blick zu unserem Gesicht – und das soll es. Denn mit der Mimik kommunizieren Sie, beeindrucken Sie. Wir wollen nicht durch unsere Krawatte oder durch unsere Schuhe auffallen, sondern durch unser Auftreten, unser Gesicht, unsere Körpersprache. Kleidung unterstreicht unseren ersten Eindruck. Und noch ein wichtiges Thema hierbei ist Kleidung und Hierarchie. Es heißt ja so schön: Kleide dich für die Position, die du haben willst, nicht für die Position, die du hast. Da gibt es für mich noch einen wichtigen Zusatz: Und versuche bitte, dich nicht deutlich besser als dein Chef zu kleiden. Lieber eine kleine Stufe darunter. Das gilt im Übrigen auch für Kunden. Sonst denken die Kunden nämlich unter Umständen: Sie sind so teuer, weil die Kunden Ihre Maßanzüge mitbezahlen müssen. Kleidung bedeutet natürlich „dem Anlass angemessen". Ich gebe Ihnen ein Beispiel von einem Freund von mir: Dieser Freund war Versicherungsvertreter und ist im dunklen Anzug mit Krawatte zu einem Bauern gefahren. Köfferchen in der Hand – genau so, wie man sich im Klischee einen Versicherungsvertreter vorstellt. Er klingelt an der Tür beim Bauern; es macht keiner auf. Er hört jedoch etwas im Stall klappern. Also geht er in den Stall, tritt durch die Tür, sieht den Bauern gerade ausmisten und er spricht ihn an. Der Bauer mit der Mistgabel in der Hand dreht sich um, geht auf ihn zu und meint nur: „Schleich dich!" War in der Situation vermutlich auch besser, denn mit dem Aktenkoffer werden Sie sich kaum gegen eine Mistgabel verteidigen können. Was macht mein Freund? Geht zum Auto, zieht das Jackett aus, krempelt die Ärmel hoch, legt den Koffer ab und holt sich die zweite Mistgabel. Mit der Mistgabel in der Hand betritt er wieder den Stall und sagt: „Okay, lassen Sie uns reden." Der Bauer war so verblüfft, dass er nachher eine Versicherung bei ihm abgeschlossen hat. Warum? Weil mein Freund die Welt aus Kundensicht gesehen hat und er hat dafür gesorgt, dass er in einem Detail anders war als die anderen Versicherungsvertreter, die vorher da waren. Er hat nämlich Initiative gezeigt und die Mistgabel geholt. Das hat dem Bauern so gut gefallen, dass er nachher bei ihm gekauft hat. Wie wollen also Sie Ihrem Kunden gegenüber wirken? Das gilt natürlich nicht nur in Branchen, in denen ein Anzug getragen wird. Das gilt für den Arzt, die Arzthelferin, das gilt für den Maler, und auch für den Automechaniker. Klar, Automechaniker tragen oftmals Blaumann. Aber gehen Sie doch einmal in eine Porschewerkstatt. Da tragen die Automechaniker unter Umständen weiße Latzhosen oder weiße Overalls. Warum? Weil Porsche sich damit abgrenzt. Sie sehen zusammenfassend zum Kapitel Kleidung: Der Spruch „Kleider machen Leute" enthält eine Menge Wahrheit.

Zusammenfassend:

Es ist vor allem wichtig ist, dass Ihre Kleidung aus der Sicht des Kunden angepasst ist. Noch wichtiger ist jedoch, wie gepflegt die Kleidung ist, die Sie tragen. Gerade bei der Kleidung gibt es einfache Regeln. Wenn Sie die beachten, hinterlassen Sie einen starken ersten Eindruck.

ERSTER EINDRUCK ONLINE

In diesem Kapitel geht es um Ihren ersten Eindruck im Internet. Denn mittlerweile gibt es eine sehr enge Verknüpfung zwischen online und offline im wahren Leben.

Wann und warum ist das Internet wichtig? Wie können Sie ein starkes Profil im Internet hinterlassen, z. B. auf einer der vielen Social-Networking-Plattformen?

Wie können Sie im Internet einen Eindruck hinterlassen, der neugierig macht, Sie auch außerhalb des Internets kennenzulernen?

Das sind die Dinge, die ich Ihnen in diesem Kapitel zeige.

Ich höre häufiger, der erste Eindruck im Internet sei nicht so wichtig. Es geht doch ums wahre Leben, darum, Menschen kennenzulernen.
Ich stimme Ihnen voll und ganz zu. Nur in vielen Fällen ist es mittlerweile so, dass die Menschen Sie zuerst im Internet kennenlernen und dann erst live den echten ersten Eindruck kriegen.

Das Internet ist ein wichtiges Medium zum Marketing und zur Kontaktpflege. Dort tauchen Sie oftmals für andere zum ersten Mal auf dem Radar auf.

Was ist also im Internet zu beachten?
Bedenken Sie bitte, das Internet findet alles und nichts verschwindet.

Was heißt das? So lustig Seiten wie Facebook oder Instagram auch sind, denken Sie bitte an die Folgen. Alles, was Sie dort einmal eingeben, alle Fotos, die Sie dort hochgeladen haben – nichts wird gelöscht! Sie sehen es vielleicht nicht mehr, aber alles ist irgendwo im Internet auf irgendeinem Server noch gespeichert. Oftmals sind das Dinge, von denen Sie nicht wollen, dass Ihr Kunde, Ihr zukünftiger Chef oder wer auch immer diese Dinge sieht.

Ihr erster Eindruck beginnt quasi mit einem Voreindruck im Internet. Und egal, ob Sie nun die in Deutschland bekannte Plattform XING oder im englisch-sprachigen Bereich Facebook, LinkedIn oder sonstige Social-Media-Plattformen nutzen, ob Sie auf Twitter oder auf anderen Networks „Mikroblogging" betreiben oder auf YouTube Ihre Filme hochladen: Die ganze Welt kann sehen und lesen, was Sie dort tun. Und deshalb nutzen Sie doch die Gelegenheit, sich von Anfang an im besten Licht zu zeigen und einen starken überzeugenden ersten Eindruck auch hier zu hinterlassen.

Deshalb habe ich für Sie die wichtigsten Tipps für ein eindrucksstarkes Online-profil aufgelistet.

Erstellen Sie ein Profil im Internet über sich.
Zu sagen: „Das brauche ich nicht, das will ich nicht, da gehe ich kein Risiko ein", ist sicherlich die falsche Lösung. Denn Sie kommen in der heutigen Zeit nicht darum herum, sich auch im Internet zu präsentieren. Wer nicht online gefunden wird, der ist verdächtig.
Reden bzw. schreiben Sie über Ihre Produkte, Ihr Geschäft und machen Sie sich auch im Internet so interessant, dass andere Internetnutzer Sie nach mehr fragen.

Eines des wichtigsten – für mich fast das wichtigste Element – eines solchen Profils ist Ihr Foto. Ich bin immer wieder erstaunt zu sehen, wie viele Profile kein Foto haben. Es gibt kaum ein Element auf Ihrer Profilseite, egal in welchem Social Network, mit dem Sie mehr Eindruck machen können als mit Ihrem Foto. Wir sind von Natur aus eben so geprägt, dass Bilder uns viel mehr ansprechen als Text. Ein Foto zu verwenden ist übrigens nicht nur eine Frage des Marketings, sondern auch eine Frage der Höflichkeit. Denn sonst sagen Sie Ihrem Gesprächs-partner, dass Sie es nicht für nötig halten, ein Foto zu zeigen. Und zum Foto gehört natürlich auch eine eindrucksvolle Bildbeschreibung, wenn das möglich ist. Bitte verzichten Sie auf selbstgemachte Fotos mit der Webcam und inves-tieren Sie in einen Profi, der Sie so darstellt, wie Sie bei Ihren Kunden ankommen möchten. Das lohnt sich auf jeden Fall, denn mit Ihrem Foto setzen Sie sich von der Masse ab. Es ist zum Beispiel eine gute Idee, dass Sie auf Ihrem Foto auch

Ihre Arbeitsutensilien zeigen. Das könnte bei einem Arzt der weiße Kittel oder (etwas kreativer) ein Blaulicht im Hintergrund sein; bei einem Audiotrainer das Mikrofon, das er für das Audioseminar verwendet hat. Seien Sie kreativ und seriös zugleich. Nutzen Sie bereits den Eintrag neben Ihrem Foto für Ihr Marketing. Schreiben Sie dort Ihren Firmennamen hinein und was Ihre Firma besonders macht oder welche besonderen Dienstleistungen Sie anbieten.

Bei mir finden Sie z. B. nicht nur den Firmennamen, sondern auch, was ich mache. Suchen Sie mich auf den sozialen Medien und überprüfen Sie es gerne.

Das können Sie auch bei den Einträgen unter „Position in Ihrem Unternehmen" im Lebenslauf entsprechend berücksichtigen. Tragen Sie die Dinge ein, die Sie für die anderen interessant machen. Und bitte vervollständigen Sie auch Ihre Adresse und Telefondaten. Denn viele dieser Plattformen geben die Möglichkeit, die Daten als sogenannte VCard (als digitale Visitenkarte) herunterzuladen. Wenn ein Kunde Sie in seinem elektronischen Adressbuch sucht, ist somit gewährleistet, dass alle Daten vorhanden sind. Und es wäre doch echt ärgerlich, wenn er Sie dort gespeichert hat, Sie aber leider auf der Plattform in Ihrem Profil keine Telefonnummer angegeben haben – Ihr Konkurrent aber schon. Nutzen Sie die „ich suche"- und „ich biete"-Felder. Bitte bedenken Sie bei diesen Feldern, Sie haben sowohl menschliche Besucher Ihres Profils als auch die Suchmaschinen. Die menschlichen Besucher sind sehr viel wichtiger. Es bringt Ihnen nichts, wenn Sie diese Felder mit einer ganzen Reihe von sogenannten Keywords (von Schlüsselworten) füllen, allerdings kein Mensch dann diese Seite liest, weil es viel zu kompliziert ist.

Führen Sie die wichtigsten Punkte in einer leicht lesbaren Form auf.

Der Grundsatz „anders sein als die anderen" gilt überall in Ihrem Profil. Es geht bei Ihrem Profil im Internet darum, dass Sie Neugierde wecken, dass Sie Spannung erzeugen, dass Ihr erster Eindruck anders und besser ist als der von anderen.

Auch – und gerade dann – wenn Sie Produkte anbieten, die Hunderte oder gar Tausende anderer Menschen ebenfalls anbieten, können und sollten Sie sich in der Form der Darbietung immer noch einzigartig machen.

Erinnern Sie sich? Wir haben beim Elevator Pitch herausgearbeitet, dass und wie Sie einzigartig in Ihrer Persönlichkeit sein können. Sie können einzigartig sein in Ihrer Dienstleistung oder Ihrem Produkt. Und Sie können auch einzigartig sein in Ihrem Marketing.

Ihre Berufserfahrung? Das ist Ihr Lebenslauf. Führen Sie ruhig die wichtigen Positionen Ihres bisherigen Berufslebens auf. In erster Position erscheint in der Regel die letzte Tätigkeit. Möchten Sie auf einzelne Stationen verzichten, dann empfehle ich Ihnen, dass Sie auch alle Tätigkeiten davor weglassen. Denn wenn Sie einzelne Lücken lassen, dann hinterlässt das einen fraglichen Eindruck. Potenzielle Interessenten oder Arbeitgeber werden sich zuerst fragen, warum Sie es auslassen. Was haben Sie zu verbergen?

Auch wenn es wie eine Selbstverständlichkeit klingt: Sorgen Sie dafür, dass Ihr Profil zu 100 % fehlerfrei ist. Lassen Sie lieber noch mal einen Kollegen oder einen Profi über Ihr Profil lesen. Denken Sie daran: Auch hier gibt es für den ersten Eindruck keine zweite Chance.

Seien Sie spezifisch. Sie finden Tausende und Abertausende allgemein geschriebene Profile im Internet. Wenn Sie sich hervorheben wollen, wenn Sie zeigen wollen, wo Sie anders sind als die anderen, dann seien Sie spezifisch und beschreiben Sie genau, was Sie können oder wonach Sie suchen.

Anstatt „Ich biete Automechanikertätigkeiten"; schreiben Sie: „zuverlässige, fachmännische Reparaturen und Wartungen der VW Käfer Modelle von 1950 bis 1970". Dadurch ziehen Sie genau die Menschen an, die Ihre Kundengruppe sind.

Nutzen Sie auch das Feld „Interessen" oder „Privates", um über Ihre privaten Interessen zu schreiben. Treten Sie einerseits professionell kompetent auf, andererseits auch persönlich sympathisch. In diesem Feld haben Sie in der Regel die Möglichkeit, etwas von sich als Mensch preiszugeben.

Es gibt oftmals auch eine Seite „Über mich" oder eine erweiterte Profilseite, die interessanterweise von sehr wenigen Menschen genutzt wird, obwohl sie in den meisten Fällen die größte Möglichkeit gibt, umfassende Informationen zu geben. Möglicherweise sogar weitere Bilder einzufügen oder einen lesefreundlichen Text dort zu platzieren.

Sie können auch externe Seiten hervorragend einfügen, also Ihr Profil mit Ihrer (Firmen-)Webseite verlinken. Firmenwebseiten sollten in Ihrem Profil immer vorhanden sein. Nutzen Sie diese Gelegenheit, denn dies ist auch für die Suchmaschinenoptimierung ein Riesenvorteil. Und öffnen Sie Ihr Gästebuch. Dort können Kunden beispielsweise Referenzen hinterlassen. Scheuen Sie sich nicht, Ihre Kunden und Kollegen (auch ehemalige Kollegen) zu bitten, dort eine Referenz zu hinterlassen.

Aktivieren Sie in jedem Fall die Möglichkeit, dass Ihr Profil in Suchmaschinen auffindbar ist. Social-Networking-Seiten genießen bei Suchmaschinen eine hohe Reputation und so können Sie Ihr Profil bei der Suche nach Ihrem Namen oder auch nach der Dienstleistung / dem Produkt, das Sie anbieten, weit oben in den Suchergebnissen oder vielleicht sogar an erster Position platziert finden.

Die Seite „Über mich" ist übrigens perfekt dafür geeignet, dass Sie dort auch Ihren Elevator Pitch unterbringen.

Suchen Sie unter den zahlreichen Gruppen, die Sie in den Social Networks finden, diejenigen, die Sie persönlich interessieren und bei denen Sie persönlich etwas beitragen können. Werden Sie also ein aktives Gruppenmitglied in solchen Gruppen. Schreiben Sie neue Themen, kommentieren Sie Themen, bringen Sie sich ein. Ein Social Network und das Internet sind keine statischen Elemente, sondern eine Gemeinschaft zum Austausch.

Und jetzt? Jetzt werden Sie aktiv, indem Sie sich im Internet auf den Social Networks registrieren und sich beispielsweise dort mit mir verknüpfen.

Ich freue mich darauf, im Internet von Ihnen zu hören. Sie finden mich ganz einfach, wenn Sie meinen Namen in die Suchfelder der einzelnen Social Networks eingeben.

Ich fasse noch einmal für Sie zusammen:

Das Internet ist wichtig und es führt kein Weg daran vorbei. Sorgen Sie dafür, dass Sie dort einen starken ersten Eindruck oder auch zwei hinterlassen.

Beachten Sie die Tipps für ein starkes Profil und ich bin mir sicher, wenn Sie dann auch noch in Gruppen networken, werden die Menschen darauf brennen, Sie auch offline (also im wahren Leben) kennenzulernen.

AUTHENTIZITÄT

Wenn ich mit Kunden und auch mit Freunden über das Thema „erster Eindruck, Auftritt, Wirkung, sich selbst präsentieren" spreche, kommt oftmals die Frage, ob ich noch authentisch bin, wenn ich versuche, einen besseren ersten Eindruck zu hinterlassen.

Dazu eine Frage: Sie haben heute Nacht schlecht geschlafen, sind schlecht drauf und haben Kopfschmerzen. Dennoch haben Sie ein wichtiges Meeting. Ist es nun authentisch, wenn Sie mit Ihrer schlechten Laune alle Teilnehmer des Meetings belasten, oder ist es authentisch, wenn Sie versuchen, das Beste daraus zu machen, um dem Meeting zum Erfolg zu verhelfen?

Für mich ist das Zweite authentisch, denn es bedeutet, dass ich für das einstehe, was ich anderen Menschen „versprochen" habe. Hier kommen die Werte ins Spiel. Denn Authentizität heißt eben nicht: „Ich bin eben, wie ich bin."

Denn das würde zuerst einmal die Frage aufwerfen: Wer bin ich denn überhaupt? Welche von meinen 27 Rollen im Leben ist mit „Wer bin ich" gemeint?

Und unterschiedliche Rollen in unterschiedlichen Situationen zu leben, ist kein Widerspruch zur Authentizität. Wir alle verhalten uns im Beruf anders als in der Familie und hier wiederum anders als mit Freunden. Dies ist weder mangelnde Authentizität noch Zeichen einer schwachen Persönlichkeit. Ganz im Gegenteil, wer eine klare und starke Persönlichkeit hat, kann diese unterschiedlichen Rollen verlässlich ausfüllen – das ist für mich authentisch.

Authentizität heißt für mich, dass ich die Werte lebe, für die ich stehe. Wenn Sie sich über Ihre Werte im Klaren sind, dann folgt aus diesen Werten letzten Endes Ihr Verhalten. Und weil diese Werte stark und fest sind, ist Ihr Verhalten für andere Menschen auch vorhersehbar. Daher kommt nämlich die Bedeutung der Authentizität: Über die letzten Millionen Jahre mussten sich die Stammesmitglieder gegenseitig aufeinander verlassen können. Jedes Stammesmitglied musste wissen, was es von den anderen Mitgliedern erwarten konnte und was nicht. Es hätte tödlich enden können für ein Stammesmitglied, aber auch für alle anderen Stammesmitglieder, wenn dieses Stammesmitglied während der Jagd stehen geblieben wäre, den Speer beiseitegeworfen und erklärt hätte, er habe gerade keine Lust mehr zu jagen und wenn er seinen Stamm weiter bei der Jagd unterstütze, sei er nicht authentisch.

Deshalb ist es im Bereich der Präsentationskompetenz auch nicht weniger authentisch, wenn Sie zum ersten Mal im Anzug präsentieren oder an Ihrer Präsentationskompetenz arbeiten. Denn „authentisch zu sein" bedeutet auch, die beste Version Ihrer selbst zu präsentieren. Und solange Sie nichts tun, was mit Ihren grundsätzlichen Werten in Konflikt steht, sollten Sie alle Werkzeuge lernen, die Sie lernen können, um diese beste Version Ihrer selbst zu zeigen.

Um eben einen starken ersten Eindruck und ein wirkungsvolles Auftreten mit einer kompetenten Wirkung zu erzielen.

MEINE WERTE FINDEN

Im Kapitel „Bildhauer Ihres Lebens" habe ich bereits darüber gesprochen, wie wichtig Ihre Werte sind.

Ihre Werte sind das Fundament Ihres Lebens und geben Ihnen Antrieb und Sicherheit, gerade wenn es einmal schwierig wird.

Und unsere Werte sind das Fundament unseres Verhaltens. Deshalb haben sie einen sehr starken Einfluss auf unser Auftreten und unsere Wirkung, auch wenn wir uns dessen oft gar nicht so bewusst sind.

Und in vielen Fällen sind wir uns über unsere Werte selbst gar nicht so richtig im Klaren. Die meisten Menschen glauben, dass sie ihre Werte kennen. Doch wenn ich sie in meinen Coachings und Trainings bitte, eine Liste zu erstellen, auf der ihre wichtigsten Werte aufgelistet sind, ist dies für die meisten eine schwierige Aufgabe.

Deshalb lade ich Sie ein, dass Sie sich wirklich Gedanken über Ihre wahren Werte machen.

Wie können Sie Ihre Werte herausfinden?

Die einfachste Möglichkeit ist natürlich, ein Blatt Papier zu nehmen und aufzuschreiben, welche Werte sie für Ihre halten. Da viele Werte jedoch durch unser Unbewusstes definiert werden und diese Übung eine sehr rational ausgerichtete ist, sind nicht alle Werte sofort erkennbar. Es fallen uns manche Werte auch so spontan gar nicht ein. Ich empfehle daher ein anderes Vorgehen: Im Internet finden Sie Beispiellisten, auf denen viele Werte aufgelistet sind. Wenn Sie sich diese Listen durchlesen, dann können Sie bei jedem einzelnen Wert entscheiden, ob er für Sie eine Bedeutung hat oder nicht.

Noch einfacher geht dies mit Wertekarten, also einem Satz Karten, bei dem die Werte nicht auf einer Liste, sondern jeweils auf einer Karte aufgedruckt sind.

Ich mache diese Werteübung häufig mit meinen Klienten und habe dafür ein Wertekartenset mit mehreren Hundert Karten entwickelt. Mein Klient nimmt sich eine Karte nach der anderen, schaut kurz darauf und entscheidet spontan und emotional, ob dieser Wert wichtig oder nicht wichtig ist. So entstehen zwei Kartenstapel, von denen das mit den unwichtigen Kartenwerten erfahrungsgemäß sehr viel größer ist.

Nach dieser ersten Runde nehmen wir uns die Werte vor, bei denen der Klient spontan gesagt hat, dass sie ihm oder ihr wichtig sind. Durch diese Werte gehen wir noch einmal hindurch und mein Klient entscheidet wiederum spontan, ob dies tatsächlich wichtige Werte sind oder ob Werte darunter sind, die auf den „Nicht-wichtig-Stapel" können.

Ziel ist es, am Ende maximal 20 bis 30 wichtige Werte gefunden zu haben. Es ist dabei keinesfalls schlimm, wenn es deutlich weniger sind. Mit drei klaren und guten Werten lebt es sich sehr viel einfacher als mit 30.

Und dann kommt noch die Aufgabe, die Werte in Ihrer Wichtigkeit zu sortieren (dies ist oftmals der schwerste Teil der Aufgabe).
Wenn zum Beispiel der Wert „Erfolg" und der Wert „Familie" beide im Stapel der wichtigen Werte gelandet sind und Sie nun entscheiden müssen, welcher Wert wichtiger ist, dann rührt das unter Umständen Ihr tiefstes Inneres an. Doch die Klarheit über diese Werte ist wichtig, um z. B. in einer beruflich herausfordernden Situation entscheiden zu können, wie Sie reagieren.

Gerne können Sie diese Wertekarten von meiner Webseite herunterladen. Den Link / QR-Code finden Sie unten auf dieser Seite.

https://alexanderplath.com/wertekarten

ZUSAMMENFASSUNG

Und damit sind wir am Ende dieses Buches angelangt.

Mit den einzelnen Kapiteln dieses Buches haben Sie einen guten Werkzeugkasten in der Hand, um ein souveränes, sympathisches Auftreten mit einer kompetenten Wirkung zu kombinieren.

Doch durch das Lesen des Buches alleine verändert sich natürlich noch nichts. Entscheidend ist, dass Sie die einzelnen Dinge auch anwenden. Und es ist ganz normal, dass Ihnen manche Dinge leichter fallen werden und manche Empfehlungen schwerer.

Es ist auch normal, dass sich Ihr Unbewusstes vielleicht gegen die ein oder andere Sache sträubt. Denn etwas zu verändern, ist immer mit einem zusätzlichen Energieaufwand verbunden.

Wenn Sie Fragen haben, erreichen Sie mich unter: fragen@AlexanderPlath.com

Und wenn Sie mehr zu den Themen wissen möchten, freue ich mich, wenn Sie meine anderen Bücher, Online-Kurse und Seminare für sich entdecken.

Danke, dass Sie dieses Buch gekauft haben!

DANKE

Dieses Buch widme ich meinen Eltern.
Ohne Euch wäre ich nicht hier.
Und ohne, dass Ihr mich auf die richtigen Schienen gesetzt hättet,
hätte ich meinen Weg nicht gemacht.

XOXO an Zeny & Mo für Eure Bärenunterstützung!

Ohne Rolf hätte ich meinen Weg auch nicht machen können.
Danke Dir für Dein Vertrauen, die Freundschaft und die Zusammenarbeit.

Ohne Annett wäre dieses Buch nicht entstanden,
denn ich denke und spreche viel schneller, als ich tippe. Danke.

Und ein „Danke Euch!" an die vielen Menschen, die mich mit Fragen,
Vorschlägen und kritischem Hinterfragen inspiriert haben.

Printed in Poland
by Amazon Fulfillment
Poland Sp. z o.o., Wrocław